机器人技术应用

主 编　过　磊　顾德祥
副主编　倪晓清

北京理工大学出版社
BEIJING INSTITUTE OF TECHNOLOGY PRESS

内容简介

本书主要采用情境教学法,以全国职业院校技能大赛机器人STR12-280为学习平台,主要介绍机器人技术应用知识。全书共设计了5个典型工作情境,分别为初识机器人STR12-280、机器人STR12-280的安装、机器人STR12-280的调试、机器人STR12-280的控制和机器人STR12-280的维护。情境任务设计循序渐进,通过情境描述、学习目标、任务实施、任务总结、任务评价、情境拓展和巩固练习等形式,读者可以熟练掌握机器人技术应用。

本书既可以作为职业院校机电类专业机器人方面的教材,也可以作为职业院校技能大赛机器人技术应用赛项训练指导用书,还可以作为从事机器人安装、调试、编程、技术服务等广大工程技术人员的自学参考书。

版权专有　侵权必究

图书在版编目(CIP)数据

机器人技术应用/过磊,顾德祥主编. —北京:北京理工大学出版社,2016.8(2019.7重印)

ISBN 978-7-5682-2904-3

Ⅰ.①机… Ⅱ.①过… ②顾… Ⅲ.①机器人技术-应用 Ⅳ.①TP249

中国版本图书馆CIP数据核字(2016)第200105号

出版发行 / 北京理工大学出版社有限责任公司
社　　址 / 北京市海淀区中关村南大街5号
邮　　编 / 100081
电　　话 / (010)68914775(总编室)
　　　　　 (010)82562903(教材售后服务热线)
　　　　　 (010)68948351(其他图书服务热线)
网　　址 / http://www.bitpress.com.cn
经　　销 / 全国各地新华书店
印　　刷 / 涿州市新华印刷有限公司
开　　本 / 787毫米×1092毫米　1/16
印　　张 / 14　　　　　　　　　　　　　　　　责任编辑 / 李志敏
字　　数 / 330千字　　　　　　　　　　　　　　文案编辑 / 李志敏
版　　次 / 2016年8月第1版　2019年7月第3次印刷　责任校对 / 周瑞红
定　　价 / 42.00元　　　　　　　　　　　　　　责任印制 / 李志强

图书出现印装质量问题,请拨打售后服务热线,本社负责调换

前　　言

机器人（技术）正处于一个蓬勃发展的阶段，逐步实现了实用化和商品化，它在工业、农业、国防、航空航天、医疗卫生及生活服务等许多领域获得越来越多的应用。机器人是典型的机电一体化产品，融合了机械，特别是精密机械技术、以微电子技术为主导的新兴电子技术、计算机控制技术、精确检测与传感技术等。随着机器人产业化的扩大，企业迫切需要熟悉机器人技术，能够胜任机器人安装、调试、编程、操作等工种的工程技术人员，本书作者希望为他们提供一本入门的书。

本书基于情境教学法，通过5个典型的循序渐进的工作情境，以职业院校技能大赛"机器人技术应用"赛项训练平台机器人STR12-280为例，介绍了机器人技术应用方面的知识。设计情境具体包括初识机器人STR12-280、机器人STR12-280的安装、机器人STR12-280的调试、机器人STR12-280的控制和机器人STR12-280的维护。

本书的特点是：（1）以就业为导向，以大赛为指引，以机器人相关岗位技能为基本依据，将职业院校机器人技术应用赛项资源课程化；（2）围绕"以能力为本位，以项目课程为主体、以职业实践为主线的模块化课程体系"为课程改革理念；（3）情境教学通过情境描述、学习目标、任务实施、任务总结、任务评价、情境拓展和巩固练习等形式，意在引导学生明确学习目的、掌握知识与技能、增加团队协作意识，逐步提高生产实际中的分析问题、解决问题能力，形成核心职业竞争力。

本书既可以作为职业院校机电类专业机器人方面的教学用书，也可以作为职业院校技能大赛机器人技术应用赛项训练指导用书，还可以作为从事机器人安装、调试、编程、技术服务等工作的广大工程技术人员的学习参考书。

本书由长期从事机器人技术研究和具有丰富实践教学经验的过磊、顾德祥担任主编，倪晓清担任副主编。学习情境1、学习情境2、学习情境5由过磊执笔，学习情境3由顾德祥执笔，学习情境4由倪晓清执笔，全书由过磊统改稿。过磊审定了全稿，并在全书的策划、审阅、定稿的全过程中给予了其他作者很大的指导和帮助。本书在编写过程中得到了无锡职业技术学院机器人研究所许弋、王海荣老师的许多支持和帮助，也得到了北京中科远洋科技有限公司的大力支持，在此一并致谢。另外，无锡机电高等职业技术学校机器人教学与竞赛教师团队以及在训的学生团队也对本书成册做出了许多贡献，在此表示衷心的感谢。

由于作者水平有限，书中还会有不少缺点和错误，欢迎读者批评指正。作者邮箱：guolei0729@126.com，欢迎各位读者提出宝贵意见和建议，谢谢。

编　者

目　　录

学习情境 1　初识机器人 STR12–280　1

1.1　情境描述　1
1.2　学习目标　1
1.3　任务实施　1
学习任务 1　机器人的技术参数　1
学习任务 2　机器人的基本组成　5
1.4　任务总结　14
1.5　任务评价　14
1.6　情境拓展　14
1.7　巩固练习　15

学习情境 2　机器人 STR12–280 的安装　18

2.1　情境描述　18
2.2　学习目标　18
2.3　任务实施　19
学习任务 1　手爪部件安装　19
学习任务 2　升降部件安装　30
学习任务 3　横向平移部件安装　38
学习任务 4　纵向平移部件安装　48
学习任务 5　平叉部件安装　55
学习任务 6　底盘部件安装　68
学习任务 7　机器人的总装　86
2.4　任务总结　93
2.5　任务评价　94
2.6　情境拓展　94
2.7　巩固练习　95

学习情境 3　机器人 STR12–280 的调试　97

3.1　情境描述　97
3.2　学习目标　97
3.3　任务实施　98
学习任务 1　电源调试　98
学习任务 2　传感器调试　100
学习任务 3　电机调试　103

　　　　学习任务 4　同步带调试 ··· 108
　　　　学习任务 5　机器人定位调试 ··· 113
　　　　学习任务 6　软件调试 ·· 115
　3.4　任务总结 ··· 120
　3.5　任务评价 ··· 120
　3.6　情境拓展 ··· 121
　3.7　巩固练习 ··· 121

学习情境 4　机器人 STR12–280 的控制 ·· 124
　4.1　情境描述 ··· 124
　4.2　学习目标 ··· 124
　4.3　任务实施 ··· 124
　　　　学习任务 1　控制平台介绍 ··· 124
　　　　学习任务 2　上肢动作 ·· 136
　　　　学习任务 3　平叉动作 ·· 143
　　　　学习任务 4　底盘动作 ·· 144
　　　　学习任务 5　物料自动堆垛与载运 ·· 147
　4.4　任务总结 ··· 153
　4.5　任务评价 ··· 153
　4.6　情境拓展 ··· 154
　4.7　巩固练习 ··· 183

学习情境 5　机器人 STR12–280 的维护 ·· 186
　5.1　情境描述 ··· 186
　5.2　学习目标 ··· 186
　5.3　任务实施 ··· 186
　　　　学习任务 1　机器人维护原则 ··· 186
　　　　学习任务 2　机器人组件维护与保养 ·· 188
　　　　学习任务 3　机器人维护与修理 ··· 191
　5.4　任务总结 ··· 194
　5.5　任务评价 ··· 194
　5.6　情境拓展 ··· 195
　5.7　项目练习 ··· 196

附录 1　2015 年江苏省职业学校技能大赛加工制造类机器人技术应用项目实施方案 ······ 199
附录 2　2015 年江苏省职业院校技能大赛中职组机器人赛项样题 ································ 206
附录 3　2015 年江苏省职业院校技能大赛高职组机器人赛项样题 ································ 210
附录 4　2015 年江苏省职业院校技能大赛教师组机器人赛项样题 ································ 214

参考文献 ··· 217

学习情境 1　初识机器人 STR12-280

1.1　情境描述

本学习情境主要介绍机器人基本知识，以全国职业院校技能大赛"机器人技术应用"赛项竞赛平台 STR12-280 机器人为例，学习机器人的技术参数和基本组成。

1.2　学习目标

1.2.1　知识目标

（1）了解机器人常见的机械传动方式、传感器类型和电机控制方法。
（2）理解机器人自由度、精度、工作空间、最大工作速度、承载能力等主要技术参数内涵。
（3）掌握机器人系统三大组成部分（机械部分、传感部分、控制部分），以及各部分工作方式和相互关系。

1.2.2　技能目标

（1）能从生产或生活实践中，读懂机器人技术参数。
（2）能从技术参数中，实际掌握机器人工作能力及操作性能。
（3）能从形形色色的机器人中，划分机器人系统三大组成部分。
（4）能在分组任务学习过程中，锻炼团队协作能力。
（5）会分析实验数据，填写任务报告。

1.3　任务实施

学习任务 1　机器人的技术参数

【任务描述】

本任务主要学习机器人技术参数，要求在读懂技术参数的基础上掌握机器人工作能力与操作性能。

【任务实施】

1. 自由度

自由度（Degree of Freedom），或者称坐标轴数，是指机器人所具有的独立坐标轴运动的数目，不包括末端操作器的开合自由度，如手指的开、合，手指关节的自由度一般不包括在内。机器人的一个自由度对应一个关节，所以自由度与关节的概念是一样的。自由度是表示机器人动作灵活程度的参数，自由度越多越灵活，但结构也越复杂，控制难度也越大，所以机器人的自由度要根据其用途设计，一般设定在 3～6 个之间。图 1–1 所示为 STR12–280 机器人的自由度，手爪 3 个方向移动自由度，平叉 2 个方向移动自由度。

图 1–1　STR12–280 机器人自由度

如果机器人自由度在 6 个以上，则称为冗余自由度。利用冗余自由度可以增加机器人的灵活性、躲避障碍物和改善动力性能。人的手臂（大臂、小臂、手腕）共有 7 个自由度，手部可回避障碍而从不同方向到达同一个目的点，所以工作起来很灵巧。

2. 精度

机器人精度（Accuracy）包括定位精度和重复定位精度两个指标。定位精度是指机器人末端操作器的实际位置与目标位置之间的偏差，如图 1–2 所示。重复定位精度是指在相同环境、条件、动作（或指令）下，机器人连续重复运动若干次时，其位置的分散情况，是关于精度的统计数据。图 1–3 为机器人定位精度和重复精度的典型情况：

（a）为重复定位精度的测定；
（b）为合理定位精度，良好重复定位精度；
（c）为良好定位精度，很差重复定位精度；
（d）为很差定位精度，良好重复定位精度。

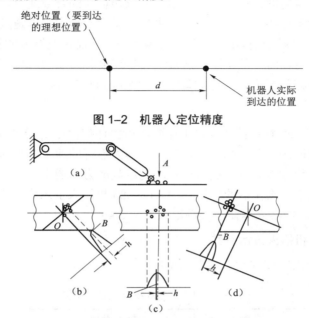

图 1-2　机器人定位精度

图 1-3　机器人定位精度和重复精度的典型情况

3. 工作空间

工作空间（Working Space）表示机器人的工作范围，是指机器人手臂末端或手腕中心（不包括末端操作器）所能到达的所有点的集合，也称为工作区域。因为末端操作器的形状和尺寸是多种多样的，为了真实反映机器人的特征参数，所以工作空间是指不安装末端操作器时的工作区域。工作空间的形状和大小十分重要，机器人在执行某作业时可能会因为存在手部不能到达的作业死区（Dead Zone）而不能完成任务。图 1-4 为 STR12-280 机器人的工作空间。

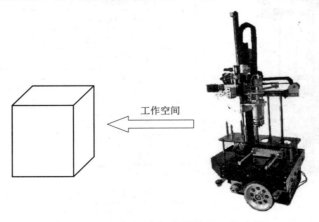

图 1-4　STR12-280 机器人的工作空间

4. 最大工作速度

最大工作速度（Maximum Speed）和加速度是表明机器人运动特性的主要指标，机器人生产厂家不同，其所指的最大工作速度也不同。有些厂家的最大工作速度是指机器人主要自由度上的最大稳定速度，有些厂家是指手臂末端最大的合成速度，也有厂家是指机器人最大行进速度，通常这些都会在技术参数中加以说明。最大工作速度越高，工作效率越高，然而工作速度越高就要花费更多时间加速或减速，从而对机器人的加速度要求就更高，所以考虑机器人运动特性时，除了要注意最大稳定速度外，还应注意其最大允许的加减速度。STR12–280 为轮式机器人，其最大直线运行速度为 0.5 m/s。

5. 承载能力

承载能力（Payload）是指机器人在工作范围内的任何位姿上所能承受的最大质量。机器人的承载能力不仅取决于负载的质量，还与机器人运行的速度和加速度的大小和方向有关。为了安全起见，承载能力是指高速运行时的承载能力。通常，承载能力不仅要考虑负载，还要考虑机器人末端操作器的质量。STR12–280 机器人手爪为内胀式，其最大抓取重量额定值为 0.5 kg，而机器人本体最大额定载重为 5 kg。

6. STR12–280 机器人技术参数

STR12–280 机器人的技术参数如表 1–1 所示。

表 1–1　STR12–280 机器人技术参数

技术参数	参数值
最大外形尺寸	550 mm×360 mm×880 mm
底盘尺寸	400 mm×280 mm×140 mm
纵向（X 轴）行程	270 mm
横向（Y 轴）行程	270 mm
升降（Z 轴）行程	260 mm
平叉平移行程	130 mm
平移升降行程	20 mm
$X\backslash Y\backslash Z$ 轴驱动方式	步进电机
$X\backslash Y\backslash Z$ 轴运动精度	±0.1 mm
手爪抓取方式	内胀式夹紧
最大抓取物尺寸	≤ϕ100 mm
额定抓取重量	0.5 kg
最大载重	5 kg
直线运行速度	Max 0.5 m/s
纵向白条定位精度	±3 mm
纵向激光定位精度	±1 mm
自动导引传感器	专用 8 路光学循迹传感器
电池组工作电压	DC 24 V、续航 1 小时
充电方式	外置充电器
最大噪声	≤65 db

学习任务 2　机器人的基本组成

【任务描述】

本任务主要学习机器人 STR12-280 的三个组成部分：机械部分、传感部分和控制部分。

【任务实施】

1. 机械部分

机器人 STR12-280 机械结构如图 1-5 所示，可分为手爪部件、升降部件、横向平移部件、纵向平移部件、平叉部件和底盘部件六大部件，六个机械组成部件作用与原理分述如下。

图 1-5　机器人 STR12-280 机械结构图

1) 手爪部件

机器人 STR12-280 手爪部件如图 1-6 所示，工作时由手爪部件中的浮动手指夹紧块外张夹持内孔型工件，可将工件搬离存放区，放至机器人本体货物存放台上，或直接放到目标工位上。手爪部件内有 24 V 直流电机（即手爪电机）、弹性联轴器、手爪丝杠、手爪手指胀销、浮动手指夹紧块等零部件。图 1-7 为手爪丝杠与手爪手指胀销螺纹连接图，手爪丝杠可以将回转运动转化为直线运动，手爪丝杠和手爪手指胀销间是螺纹连接，能实现到位自锁功能，手爪手指胀销为铜件，有良好的塑性和抗震性、充分润滑后摩擦系数较小，传动效率高。

手爪工作时，手爪电机正转（面向轴端，逆时针转动），带动丝杠逆时针转动，丝杠将回转运动转化为直线运动，从而带动手爪手指胀销向下运动，浮动手指夹紧块外张，夹持内孔型工件。同理，手爪电机反转通过机械传动，最后浮动手指夹紧块内收，松开。张开和回收的到位信号则由接近开关接收，信号用以控制手爪电机的启停。

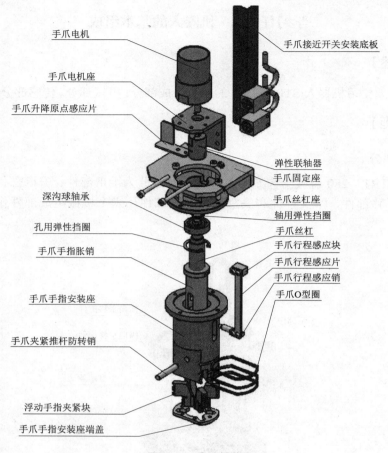

图 1-6 手爪部件

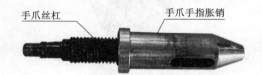

图 1-7 手爪丝杠与手爪手指胀销螺纹连接图

2）升降部件

机器人 STR12-280 升降部件如图 1-8 所示，工作时小齿轮做逆时针或顺时针转动，带动升降齿条沿升降线性导轨上下运动，则手爪随之做升降运动。

升降部件工作时，步进电机转动，带动小齿轮同向转动，齿轮与齿条啮合，使得升降齿条上升或者下降。

3）横向平移部件

机器人 STR12-280 横向平移部件如图 1-9 所示，工作时平移同步带做逆时针或顺时针转动，机器人手爪部件压在同步带上，故手爪跟随同步带做左右平移运动。横向平移部件内有步进电机、同步带、平移线性导轨副等零部件。图 1-10 为平移线性导轨副，滑块通过滚珠与导轨接触，有摩擦小、运行速度高、噪声低、行程长等优点。

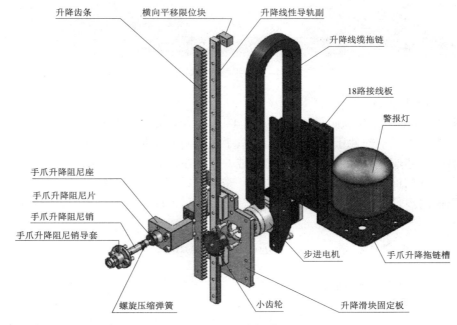

图 1-8 升降部件

横向平移部件工作时，步进电机转动，带动平移同步带做逆时针或顺时针转动，将手爪部件压在同步带上，则手爪跟随同步带做左右平移，即实现了手爪的横向平移功能。

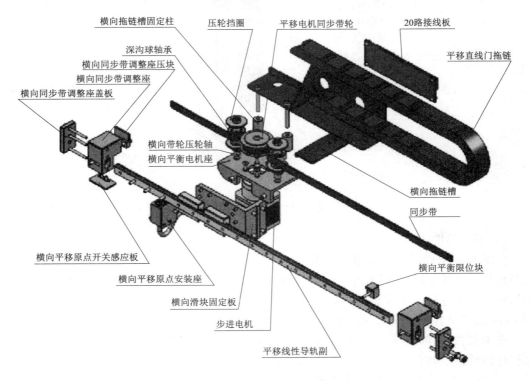

图 1-9 横向平移部件

图 1-10 平移线性导轨副

4) 纵向平移部件

机器人 STR12-280 纵向平移部件如图 1-11 所示,工作时平移同步带做逆时针或顺时针转动,机器人手爪部件压在同步带上,故手爪跟随同步带做前后平移。与横向平移部件类似,纵向平移部件内有步进电机、同步带、平移线性导轨副等零部件。

纵向平移部件工作时,步进电机转动,带动平移同步带做逆时针或顺时针转动,将手爪部件压在同步带上,则手爪跟随同步带做前后平移,即实现了手爪的纵向平移功能。

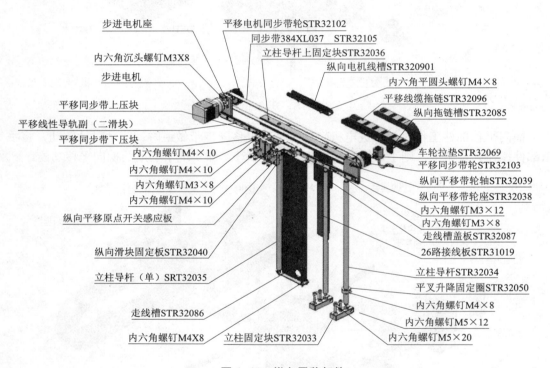

图 1-11 纵向平移部件

5) 平叉部件

机器人 STR12-280 平叉部件如图 1-12 所示,工作时前后平叉同时伸出,托起装载台上的托盘,将托盘摆放到指定的工作台位置。平叉部件内有平叉伸缩电机、平叉电机齿轮、小齿轮、平叉导杆、平叉丝杠、前平叉、后平叉等零部件。图 1-13 为平叉机构传动丝杠,图 1-14 为平叉丝杠与平叉丝杠螺母连接图,可以将回转运动转变为直线运动。

平叉部件工作时,平叉电机齿轮做逆时针或顺时针转动,带动平叉丝杠逆时针转动,丝杠将回转运动转化为直线运动,带动前平叉和后平叉伸出或缩回。伸出和缩回的到位信号由接近开关接收,用以控制平叉伸缩电机的启停。

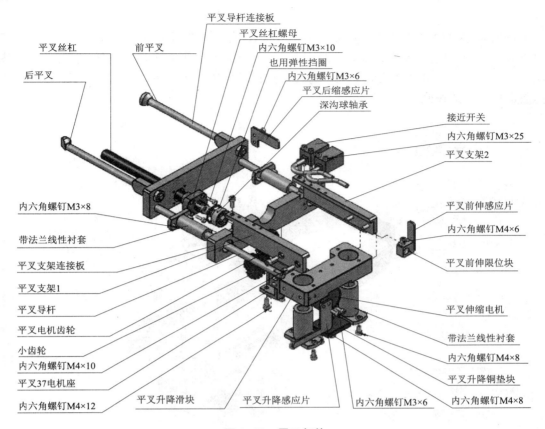

图 1-12 平叉部件

图 1-13 平叉机构传动丝杆

图 1-14 平叉丝杠与平叉丝杠螺母连接图

6）底盘部件

机器人 STR12-280 底盘部件如图 1-15 所示，底板下有两只 24 V 直流电机（又称行走电机），控制底盘前后左右运动。同时底盘也是个承载体，所有手爪、升降、横向平移、纵向平移、平叉这些部件都安装于上，另外，梅花形物料（或工件）和大小连接板通过手爪抓放最后也将放在底盘工件存放台上。

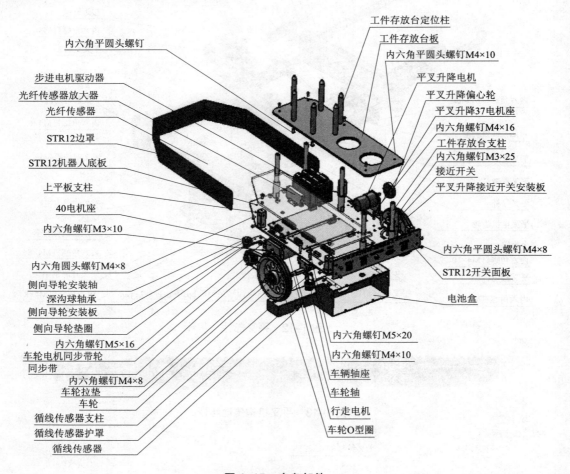

图 1-15　底盘部件

2. 传感部分

机器人传感部分由一系列传感器组成，其作用是获取机器人内部和外部环境信息，并把这些信息反馈给控制系统。内部状态传感器用于检测各关节的位置、速度等变量，为闭环控制系统提供反馈信息。外部状态传感器用于检测机器人与周围环境之间的一些状态变量，如距离、接近程度和接触情况等，用于引导机器人，便于其识别物体并做出相应处理。外部传感器可使机器人以灵活的方式对它所处的环境做出反应，赋予机器人以一定的智能，该部分的作用相当于人的五官。

STR12-280 机器人采用开环控制系统，故只有外部状态传感器，机器人身上所有的传感器可以分成两类：接近传感器和循线传感器。

1）接近传感器

机器人 STR12-280 接近传感器分布如图 1-16 所示，共有 10 个，编号从 S01 到 S10，其中前 9 个是用于检测距离的红外传感器，也称红外接近开关，最后 1 个为激光传感器，其作用见表 1-2。

表 1-2 机器人 STR12-280 接近传感器编号与作用

部件名称	传感器编号	作用
手爪部件	S01	手爪松开到位（停止）信号
	S02	手爪夹紧到位（停止）信号
升降部件	S03	升降到位（停止）信号
横向平移部件	S04	横向平移到位（停止）信号
纵向平移部件	S05	纵向平移到位（停止）信号
平叉部件	S06～S07	平叉平移到位（停止）信号
	S08～S09	平叉升降到位（停止）信号
红外传感器	S10	机器人进站测距（到位）信号

图 1-16 机器人 STR12-280 接近传感器分布

2）循线传感器

机器人 STR12-280 循线传感器如图 1-17 所示，安装在机器人底部，共 8 路，可以可靠地探测到地面白条以及白条的十字交叉点。其工作原理是传感器光源发射部分通过 8 个高亮 LED 发射管发射，对应位置上再用 8 个光敏电阻接收地面反射回来的光线，输出插座连接传感器信号处理板的循线传感器输入接口，经过一系列放大、比较处理后过滤掉地面背景放射信号，指示当前某路传感器是否在地面白条上。

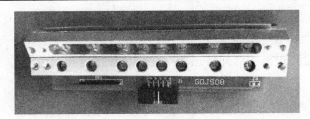

图 1–17　机器人 STR12–280 循线传感器

3. 控制

机器人 STR12–280 控制系统由 8 路循线传感器、传感器信号处理板、主控制板、电机驱动板组成。组成框图如图 1–18 所示。

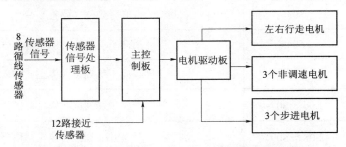

图 1–18　机器人 STR12–280 控制系统组成框图

1）主控制板

主控制板是机器人的大脑，承担着信息接收、处理、外部设备控制的重要任务。主控制板中处理器选用了 STC12C5A60S2 芯片作为主控芯片，控制板支持两大类输入，即 8 通道专用循线传感器输入和 12 个接近传感器输入（实际只是用了 10 个）；输出也是支持 3 大类，即可调速行走电机控制输出（左右行走电机）、步进电机输出和不可调速上肢功能电机控制输出（非调速电机）。

主控制板实物如图 1–19 所示，图中 12 V 电源输入插座接 12 V 电源，12 V 电源输出插座连接传感器信号处理板的 12 V 电源插座（注意电板上的电源正极标志，不要插反）；启动按钮输入插座连接面板上启动按钮；程序下载接口连接面板上的下载接口，用于程序的在线下载；循线传感器输入接口用于连接传感器信号处理板；左右行走电机输出接口连接行走电机的控制，连接驱动板上的电机信号控制插座；步进电机输出接口用于步进电机的控制，连接驱动板上的步进电机信号控制插座；非调速电机用于机构各种直流电机的控制，连接驱动板上的直流电机信号控制插座。

2）传感器信号处理板

传感器信号处理板实物如图 1–20 所示，图中循线传感器输入接口连接安装机器人平台底部的 8 路循线传感器；信号输出接口连接单片机控制板，插座 JP 接 12 V 电源，注意电板上的电源正极标志，不要插反。

3）电机驱动板

电机驱动板接收主控制板发来的电机 PWM 脉宽调制信号和方向信号，驱动机器人平台上的 2 个 24 V 直流减速电机。利用 PWM 信号占空比的不同，来控制电机的不同转速；

利用方向信号，控制直流电机的正反转，从而实现机器人平台的前进、后退和转弯。电机驱动板实物如图1-21所示。控制信号插座连接主控制板，24 V电源插座接24 V电源，左右电机输出插座接左右电机。

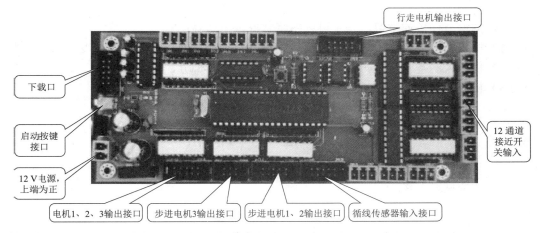

图1-19　主控制板实物图

图1-20　传感器信号处理板实物图

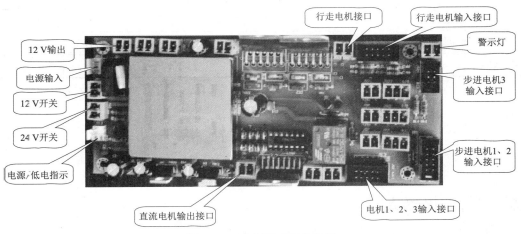

图1-21　电机驱动板实物图

1.4 任务总结

通过本章节任务的学习,学生可以熟练掌握以下内容:
(1) 机器人的主要技术参数:自由度、精度、工作空间、最大工作速度、承载能力。
(2) 机器人的基本组成,分机械、传感、控制三大部分。
(3) 机器人 STR12–280 技术参数与组成原理。

1.5 任务评价

任务评价见表 1–3。

表 1–3 任务评价表

情境名称		学习情境 1 初识机器人 STR12–280		
评价方式	评价模块	评价内容	分值	得分
自评 40%	学习能力	逐一对照情境学习知识目标,根据实际掌握情况打分	10	
	动手能力	逐一对照情境学习技能目标,根据实际掌握情况打分	10	
	协作能力	在分组任务学习过程中,自己的团队协作能力	10	
	完成情况	学习任务 1 完成程度	5	
		学习任务 2 完成程度	5	
组评 30%	组内贡献	组内测评个人在小组任务学习过程中的贡献值	10	
	团队协作	组内测评个人在小组任务学习过程中的协作程度	10	
	技能掌握	对照情境学习技能目标,组内测评个人掌握程度	10	
师评 30%	学习态度	个人在情境学习过程中,参与的积极性	10	
	知识构建	个人在情境学习过程中,知识、技能掌握情况	10	
	创新能力	个人在情境学习过程中,表现出的创新思维、动作、语言等	10	
学生姓名		小组编号	总分	100

1.6 情境拓展

1.6.1 何谓机器人

并非只是在工业自动化生产线、太空探测、高科技实验室、科幻小说或电影里面才有机器人，现实生活中机器人无处不在，在人们的生活中起着重要的作用，并已经完全融入了人们的生活。

在我们身边活跃着各种类型的机器人，但不是每个机电产品都属于机器人，不能把看到的每一个自动化装置都叫作机器人，但是虽然机器人已经问世几十年，却到目前为止还没有一个统一、严格、准确的定义。其原因之一是机器人还在迅速发展，新的机型不断涌现，机器人可实现的功能不断增加，究其根本原因是机器人涉及了"人"的概念，这就使什么是机器人成为一个难以回答的哲学问题。

我国科学家对机器人的定义是：机器人是一种自动化的机器，所不同的是这种机器具备一些与人或生物相似的智能能力，如感知能力、规划能力、动作能力和协同能力，是一种具有高度灵活性的自动化机器。

一般说来，机器人应具有以下三大特征：

（1）拟人性。机器人是模仿人或动物肢体动作的机器，能像人那样使用工具，正因为此数控机床和汽车不是机器人。

（2）可编程。机器人具有智力或具有感觉与识别能力，可随工作环境变化的需要而再编程。一般的电动玩具没有感觉和识别能力，不能再编程，因此也不能称为真正的机器人。

（3）通用性。一般机器人在执行不同作业任务时，具有较好的通用性。例如，通过更换机器人末端操作器（如手爪）便可执行不同的任务。

1.6.2　何谓工业机器人

所谓工业机器人，就是面向工业领域的多关节机械手或多自由度机器人，如机械手。但这是一个笼统的概念，而具体的标准，不同的国家或组织对工业机器人定义也不尽相同，暂无定论。

美国机器人协会（RIA）的定义：工业机器人是"一种用于移动各种材料、零部件、工具或专用装置的,通过程序化的动作来执行各种任务,并具有编程能力的多功能操作机"。

国际标准化组织（ISO）的定义："机器人是一种自动的、位置可控的、具有编程能力的多功能操作机。这种操作机具有多个轴，能够借助可编程操作来处理各种材料、零部件、工具和专用装置，以执行各种任务"。

日本工业机器人协会的定义："工业机器人是在三维空间具有类似人体上肢动作机能及结构，并能完成复杂空间动作的、多自由度的自动机械"。

中国机械工业部（1986）的定义："工业机器人是一种能自动定位、可重复编程的多功能、多自由度的操作机。它能搬运材料、零件或夹持工具，用以完成各种作业"。

1.7　巩 固 练 习

一、单选题

1. 当代机器人大军中最主要的机器人为（　　）。
 A. 工业机器人　　　B. 军用机器人　　　C. 服务机器人　　　D. 特种机器人

2. 从应用领域上来分，STR12-280 属于（　　）机器人。
   A. 工业机器人　　　B. 农业机器人　　　C. 娱乐机器人　　　D. 军事机器人
3. 当循线传感器下方是白条时，大部分光线通过白条反射到光敏电阻上，此时光敏电阻值减小，LM324 的同相输入端的电压值为（　　）。
   A. 0.4 V　　　　　B. 0.5 V　　　　　C. 0.8 V　　　　　D. 1.2 V
4. 机器人在循线中，向左偏离中央，可以采取（　　）方法使之回到中央。
   A. 右轮加速，左轮减速　　　　　　　B. 右轮减速，左轮加速
   C. 左右轮转速不变　　　　　　　　　D. 左右轮反转
5. 由于传感器输出信号一般都很微弱，需要有信号调节与转换电路将其放大或转换为容易传输、处理、记录和显示的形式，这一部分称为（　　）。
   A. 传感元件　　　B. 敏感元件　　　C. 测量转换电路　　　D. 传输电路
6. 机器人 STR-280 按结构分，属于下列哪种类型（　　）。
   A. 直角坐标式　　B. 圆柱坐标式　　C. 球坐标式　　　D. 关节坐标式
7. 下列哪类机器人不属于按驱动方式分类（　　）。
   A. 液压驱动式机器人　　　　　　　B. 平面关节式机器人
   C. 电机驱动式机器人　　　　　　　D. 气压驱动式机器人
8. 机器人需要右转 90 度，（　　）操作使之转弯半径最小。
   A. 右轮比左轮快，转向不变　　　　B. 右轮转向不变，左轮反转
   C. 左轮转向不变，右轮反转　　　　D. 左轮比右轮快，转向不变
9. 机器人手爪在不同位置分别能承受最大质量为 1、2、3、4 千克，其承载能力应不超过（　　）。
   A. 1 千克　　　　B. 2 千克　　　　C. 3 千克　　　　D. 4 千克

二、判断题
1.（　　）机器人是具有手、脑、脚等三要素的个体。
2.（　　）ZKRT-300 和 STR12-280 所用传感器种类主要是接近开关。
3.（　　）机器人装置上的传感器相当于人的"五官"，也即感觉系统。
4.（　　）机器人 ZKRT-300 和 STR12-280 操作面板上的按键属于机器人人机交互装置。
5.（　　）内部信息传感器是用于检测机器人各部分的内部状况的。
6.（　　）STR12-280 的循线传感器使用光敏三极管来接受来自于地面的发射信号。
7.（　　）STR12-280 配备的光纤传感器是一种反射式传感器。
8.（　　）机器人 ZKRT-300 和 STR12-280 都属于轮式机器人。
9.（　　）机器人 STR12-280 驱动电源采用锂电池。
10.（　　）若要使用 STR12-280 机器人的光纤传感器循线定位，则应调用 FOLL_LINE 函数。

三、多选题
1. 如果要测量机器人所抓取物料的重量，可选取（　　）。
   A. 力传感器　　　B. 称重传感器　　　C. 温度传感器　　　D. 光纤传感器
2. STR12-280 机器人行走过程中依靠的传感器有（　　）。

A. 力传感器　　　　　　　　　　　B. 反射式光传感器
C. 温度传感器　　　　　　　　　　D. 光敏电阻
3. 常用接近开关主要有以下（　　　）。
A. 电容式接近开关　　　　　　　　B. 霍尔式接近开关
C. 电涡流式接近开关　　　　　　　D. 电阻式接近开关
4. 传感器按照输出信号的性质分为（　　　）。
A. 光敏式传感器　　B. 声敏式传感器　　C. 模拟式传感器　　D. 数字式传感器
5. STR12–280 机器人侧边寻白条的传感器是（　　　）。
A. 光敏传感器　　　B. 光纤传感器　　　C. 气敏传感器　　　D. 湿敏传感器

四、思考题

1. 何谓机器人，何谓工业机器人？
2. 机器人技术参数有哪些，简述各自含义。
3. 试说明机器人的基本组成及各部分之间的关系。
4. 机器人 STR12–280 机械结构中包含了哪些机械传动方式？
5. 机器人 STR12–280 共有几个电机？简述其各自功能。
6. 机器人 STR12–280 采用哪些类型传感器，共有多少？简述其各自功能。
7. 试在机器人 STR12–280 本体上演示其自由度。
8. 试在机器人 STR12–280 本体上演示其工作范围。
9. 机器人 STR12–280 主控制板上微处理器型号是什么？
10. 试简要叙述机器人 STR12–280 动作原理。

学习情境 2　机器人 STR12-280 的安装

2.1　情境描述

本章节主要介绍机器人 STR12-280 的安装,包括安装前的准备工作,装配工艺安排,安装过程介绍以及安装过程中的注意事项。机器人 STR12-280 安装可以分解为手爪部件安装、升降部件安装、横向平移部件安装、纵向平移部件安装、平叉部件安装、底盘部件安装和机器人总装七个部分。

2.2　学习目标

2.2.1　知识目标

（1）了解机械设备拆装规程与注意事项。
（2）熟悉机器人 STR12-280 零部件名称、特点以及安装中使用的各种工具。
（3）理解机器人 STR12-280 手爪部件、升降部件、横向平移部件、纵向平移部件、平叉部件和底盘部件工作原理及特点。
（4）掌握机器人 STR12-280 的安装方法。

2.2.2　技能目标

（1）能熟练使用常见工具、量具、仪器,如内六角扳手、游标卡尺、电压表、电焊台等。
（2）会排机器人装配工艺表。
（3）能按装配工艺表要求熟练安装机器人 STR12-280,并举一反三。
（4）能遵守安全操作规程,紧张有序地工作（或学习）。
（5）在分组分任务安装过程中,锻炼团队协作能力。
（6）会分析安装过程中出现的问题,及时有效处理。

2.3 任务实施

学习任务 1　手爪部件安装

【任务描述】

本任务主要学习如何按装配工艺表正确有序地安装机器人 STR12–280 的手爪部件,熟练使用工量具和简单仪器,并熟悉手爪每个零部件名称与作用。

【任务实施】

1. 准备工作

1) 零部件准备

手爪零部件名称、数量及实物图如表 2–1 所示。

表 2–1　手爪零部件

序号	名称	数量	实物图
1	手爪接近开关安装底板	1	
2	弹性联轴器	1	
3	直流电机	1	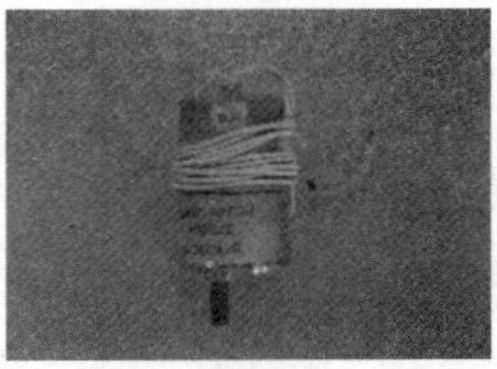
4	浮动手指夹紧块	4	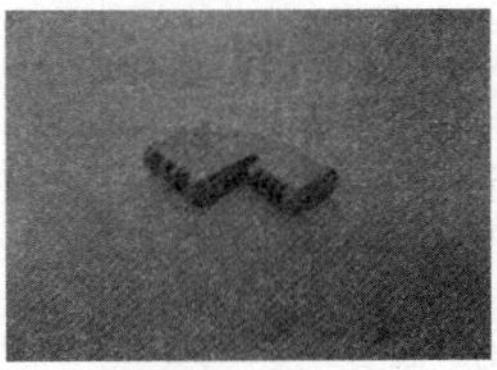

续表

序号	名称	数量	实物图
5	接近传感器	2	
6	深沟球轴承	1	
7	手爪O型圈	3	
8	手爪电机座	1	
9	手爪固定座	1	
10	手爪行程感应块	1	
11	手爪行程感应片	1	

续表

序号	名称	数量	实物图
12	手爪行程感应销	1	
13	手爪夹紧推杆防转销	1	
14	手爪升降原点感应片	1	
15	手爪手指安装座	1	
16	手爪手指安装座盖	1	
17	手爪手指胀销	1	
18	手爪丝杠	1	
19	手爪丝杠座	1	

2）连接件与其他

手爪部件连接螺钉、弹簧、挡圈等一系列标准与非标准件名称、数量及实物如表 2-2 所示。

表 2-2 手爪部件连接件与其他

序号	名称	数量	实物图
1	M3×6 沉头内六角螺钉	6	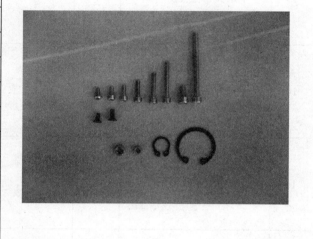
2	M3×6 圆头内六角螺钉	4	
3	M3×3 圆柱头内六角螺钉	2	
4	M3×6 圆柱头内六角螺钉	2	
5	M3×7 圆柱头内六角螺钉	2	
6	M3×8 圆柱头内六角螺钉	6	
7	M3×18 圆柱头内六角螺钉	4	
8	M3×25 圆柱头内六角螺钉	4	
9	M4×8 圆柱头内六角螺钉	2	
10	M4×45 圆柱头内六角螺钉	2	
11	ϕ22 孔用弹性挡圈	1	
12	ϕ9 轴用弹性挡圈	1	
13	M3 螺母	12	
14	M4 螺母	3	

3）工具准备

手爪部件安装过程中使用的工具如表 2-3 所示。

表 2-3 手爪部件安装工具

序号	名称	数量	实物图
1	内六角扳手	1	
2	轴用卡簧钳	1	

续表

序号	名称	数量	实物图
3	5.5号呆扳手	1	
4	孔用卡簧钳	1	

2. 装配工艺

手爪部件装配工艺卡见表2-4。

表2-4 手爪部件装配工艺卡

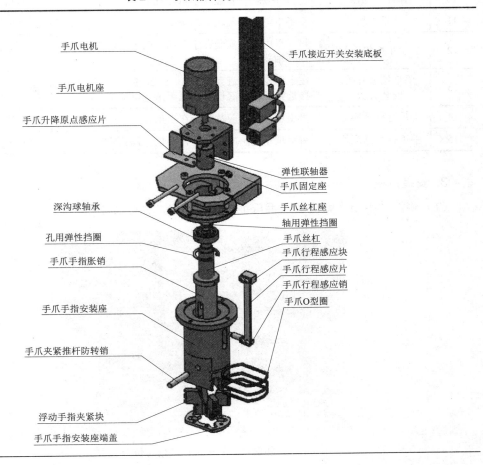

续表

序号	零件名称	工序内容	工具	备注
1	浮动手指夹紧块	将浮动手指夹紧块塞入手爪手指安装座中		
2	手爪手指安装座端盖	将手爪手指安装座端盖与手爪手指安装座固定	内六角扳手	
3	手爪手指胀销	把手爪丝杠旋入手爪手指胀销中,放入手爪手指安装座中		
4	手爪O型圈	套上浮动手指加紧块		
5	手爪夹紧推杆防转销	塞入手爪手指胀销,套上O型圈	内六角扳手	
6	手爪丝杠座	装入深沟球轴承,孔用弹性挡圈,盖上手爪手指安装座,把轴用弹性挡圈安装在手爪丝杠上	内六角扳手	
7	手爪行程感应销	旋入手爪手指胀销	内六角扳手	
8	手爪固定座	将手爪固定座安装在手爪手指安装座上	内六角扳手	
9	手爪升降原点感应片	将手爪升降原点感应片安装在手爪固定座上	内六角扳手	
10	弹性联轴器	将弹性联轴器安装在手爪丝杠上	内六角扳手	
11	手爪电机	将手爪电机安装在手爪电机座上	内六角扳手	
12	手爪电机座	将手爪电机座安装在手爪丝杠座上,电机轴塞入弹性联轴器中	内六角扳手	
13	手爪接近开关安装底板	在上面安装接近开关S01、S02。S01在下。将手爪接近开关安装底板安装在手爪电机座上	内六角扳手	
14	手爪行程感应片	将手爪行程感应片安装在手爪行程感应销上	内六角扳手	
15	手爪行程感应块	将手爪行程感应块安装在手爪行程感应片上	内六角扳手	

3. 安装过程

(1)将浮动手指夹紧块装入手爪手指安装座中,如图 2-1 所示。

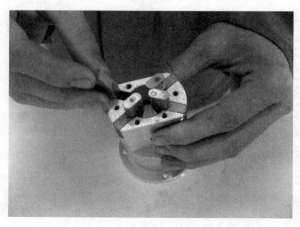

图 2-1 手指夹紧块预定位

（2）将手爪手指安装座端盖与手爪手指安装座固定，如图 2-2 所示。

图 2-2　手爪手指安装端盖与手爪手指安装座连接

（3）把手爪丝杠旋入手爪手指胀销中，然后将连接件放入手爪手指安装座中，如图 2-3 所示。

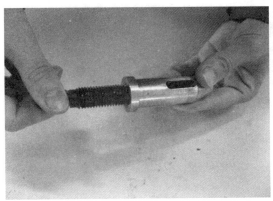

图 2-3　手爪丝杠与手爪手指胀销连接

（4）将两只手爪 O 型圈分别套在浮动手指夹紧块的中间和下端两个凹槽内，如图 2-4 所示。

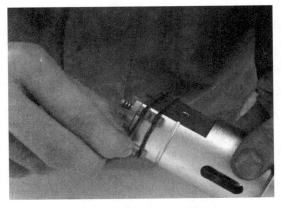

图 2-4　手爪 O 型圈安装

（5）将手爪夹紧推杆防转销塞入手爪手指胀销内，然后套上第三只手爪 O 型圈，如图 2-5 所示。

图 2-5　手爪夹紧推杆防转销安装

（6）将深沟球轴承装入手爪丝杠座内，然后装入孔用弹性挡圈，如图 2-6 所示。

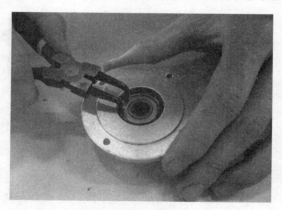

图 2-6　深沟球轴承安装

（7）将手爪丝杠安装座盖在手爪手指安装座上，使手爪丝杠安装端从深沟球轴承中伸出，然后将轴用弹性挡圈卡在手爪丝杠上，如图 2-7 所示。

图 2-7　手爪丝杠安装

(8) 将手爪行程感应销旋入手爪手指胀销中，如图 2-8 所示。

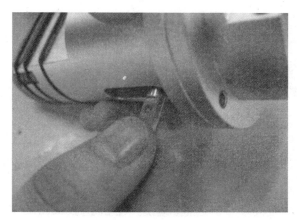

图 2-8　手爪行程感应销安装

(9) 将手爪固定座安装在手爪手指安装座上，如图 2-9 所示。

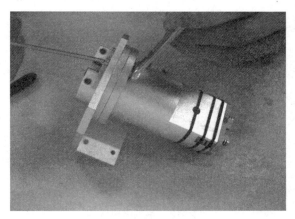

图 2-9　手爪固定座

(10) 将手爪升降原点感应片安装在手爪固定座上，如图 2-10 所示。

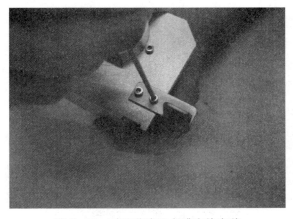

图 2-10　手爪升降原点感应片安装

（11）将螺塞预塞入弹性联轴器，然后将螺塞作为紧定螺钉将弹性联轴器安装在手爪丝杠上，如图 2-11 所示。

图 2-11　弹性联轴器安装

（12）将手爪电机安装在手爪电机座上，如图 2-12 所示。

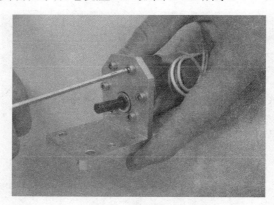

图 2-12　手爪电机固定

（13）将手爪电机轴塞入弹性联轴器中，然后先连接手爪电机座与手爪丝杠座，随后将螺塞作为紧定螺钉固定手爪电机轴与弹性联轴器，如图 2-13 所示。

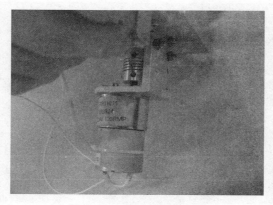

图 2-13　手爪电机座安装

（14）先将接近传感器安装在手爪接近开关安装底板上，安装时注意 S02 在上端，S01 在下端，然后将手爪接近开关安装底板固定在手爪电机座上，如图 2-14 所示。

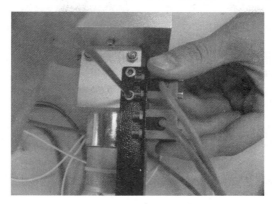

图 2-14　手爪接近传感器安装

（15）将手爪行程感应片安装在手爪行程感应销上，如图 2-15 所示。

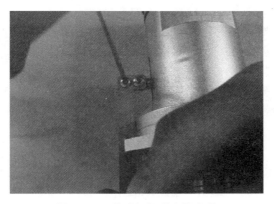

图 2-15　手爪行程感应片安装

（16）将手爪行程感应块安装在手爪行程感应片上，注意和传感器间的距离，可以加垫片调整手爪行程感应块与手爪传感器间的距离，如图 2-16 所示。

图 2-16　手爪行程感应块安装

（17）完成手爪部件安装，如图 2-17 所示。

图 2-17　手爪部件安装完成图

4．安装注意事项

（1）所有螺钉是否紧固。
（2）螺钉按对角方式先预紧后拧紧，用力大小合适。
（3）过盈配合、相对运动的零部件装配前需加润滑油。
（4）装配过程中不要损坏零件表面质量。
（5）零件装配符合规范。
（6）按照工艺文件要求进行装配，注意安装顺序。
（7）严格执行安全操作规程。

学习任务 2　升降部件安装

【任务描述】

本任务主要学习如何按装配工艺表正确有序地安装机器人 STR12-280 的升降部件，熟练使用工量具和简单仪器，并熟悉升降每个零部件名称与作用。

【任务实施】

1．准备工作

1）零部件准备

升降零部件名称、数量及实物图如表 2-5 所示。

表 2-5　升降零部件

序号	名称	数量	实物图
1	步进电机	1	

续表

序号	名称	数量	实物图
2	横向平移限位块	1	
3	小齿轮	1	
4	警报灯	1	
5	接近开关	1	
6	螺旋压缩弹簧	1	
7	升降齿条	1	
8	手爪电机座	1	

续表

序号	名称	数量	实物图
9	升降线缆拖链	1	
10	升降线性导轨副	1	
11	手爪升降拖链槽	1	
12	手爪升降阻尼片	1	
13	手爪升降阻尼销	1	
14	手爪升降阻尼销导套	1	
15	手爪升降阻尼座	1	

2）连接件与其他

升降部件连接螺钉、弹簧、挡圈等一系列标准与非标准件，名称、数量及实物如表 2-6 所示。

表 2-6 升降部件连接件与其他

序号	名称	数量	实物图
1	M3×6 圆柱头内六角螺钉	16	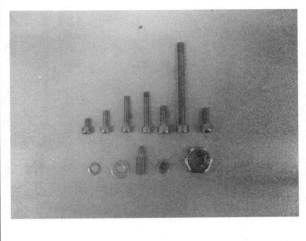
2	M3×10 圆柱头内六角螺钉	4	
3	M3×13 圆柱头内六角螺钉	1	
4	M4×20 圆柱头内六角螺钉	2	
5	M5×12 圆柱头内六角螺钉	6	
6	M5×50 圆柱头内六角螺钉	2	
7	M5×18 圆柱头内六角螺钉	4	
8	M8 螺母	5	
9	M15 螺母	1	
10	$\phi 6$ 垫圈	3	
11	$\phi 10$ 垫圈	3	
12	M3×11 铜柱	4	

3）工具准备

升降部件安装过程中使用的工具如表 2-7 所示。

表 2-7 手爪部件安装工具

序号	名称	数量	实物图
1	内六角扳手	1	
2	14 号呆扳手	1	
3	7 号呆扳手	1	

2. 装配工艺

升降部件装配工艺卡见表 2-8。

表 2-8 升降部件装配工艺卡

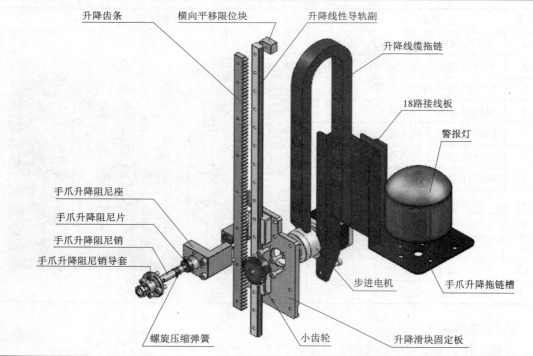

序号	零件名称	工序内容	工具	备注
1	升降齿条	将升降齿条安装在升降线性导轨副上	内六角扳手	
2	横向平移限位块	将横向平移限位块安装在升降线性导轨副上	内六角扳手	
3	升降滑块固定板	将升降滑块固定板固定在升降滑块上	内六角扳手	
4	手爪升降阻尼销导套	手爪升降阻尼销与手爪升降阻尼片连接塞入手爪升降阻尼销导套中	死扳手	
5	手爪升降阻尼座	手爪升降阻尼销导套与手爪升降阻尼座连接	内六角扳手	
6	电动机	步进电机与升降滑块固定板相连,并在电机轴上装小齿轮	内六角扳手	
7	接近开关	接近开关与升降滑块固定板相连	内六角扳手	
8	警报灯	警报灯与手爪升降拖链槽连接	呆扳手	
9	手爪升降拖链槽	手爪升降拖链槽与升降滑块固定板连接	内六角扳手	

3. 安装过程

(1) 将升降齿条安装在升降线性导轨副上,如图 2-18 所示。

图 2-18 升降齿条安装

（2）将横向平移限位块安装在升降线性导轨副上，如图 2-19 所示。

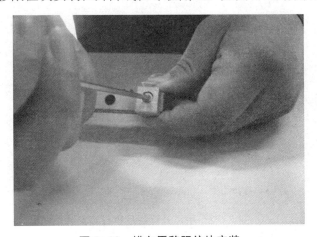

图 2-19 横向平移限位块安装

（3）将升降滑块固定板安装在升降线性导轨副的升降滑块上，如图 2-20 所示。

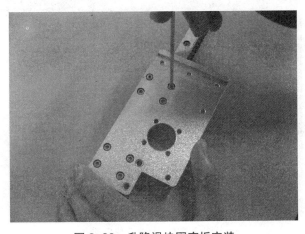

图 2-20 升降滑块固定板安装

（4）先将手爪升降阻尼销与手爪升降阻尼片连接，然后将其塞入手爪升降阻尼销导套中，如图 2-21 所示。

图 2-21　手爪升降阻尼销预装

（5）手爪升降阻尼销导套与手爪升降阻尼座连接，如图 2-22 所示。

图 2-22　手爪升降阻尼销导套安装

（6）先连接步进电机与升降滑块固定板，然后在电机轴上安装小齿轮，如图 2-23 所示。

图 2-23　步进电机安装

（7）将接近传感器 S03 安装在升降滑块固定板上，如图 2-24 所示。

图 2-24　接近传感器安装

（8）将警报灯安装在手爪升降拖链槽上，如图 2-25 所示。

图 2-25　警报灯安装

（9）连接手爪升降拖链槽与升降滑块固定板，如图 2-26 所示。

图 2-26　手爪升降拖链槽安装

（10）完成升降部件安装，如图 2-27 所示。

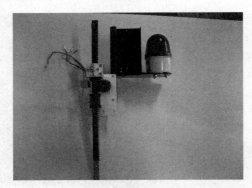

图 2-27 升降部件安装完成图

4．安装注意事项

（1）所有螺钉是否紧固。
（2）螺钉按对角方式先预紧后拧紧，用力大小合适。
（3）过盈配合、相对运动的零部件装配前需加润滑油。
（4）装配过程中不要损坏零件表面质量。
（5）零件装配符合规范。
（6）按照工艺文件要求进行装配，注意安装顺序。
（7）严格执行安全操作规程。

学习任务 3 横向平移部件安装

【任务描述】

本任务主要学习如何按装配工艺表正确有序地安装机器人 STR12-280 的横向平移部件，熟练使用工量具和简单仪器，并熟悉每个横向平移零部件名称与作用。

【任务实施】

1．准备工作

1）零部件准备

横向平移零部件名称、数量及实物图如表 2-9 所示。

表 2-9 手爪零部件

序号	名称	数量	实物图
1	横向平移限位块	1	

续表

序号	名称	数量	实物图
2	横向同步带调整座盖板	2	
3	横向同步带调整座	1	
4	横向滑块固定板	1	
5	横向平移原点开关安装座	1	
6	深沟球轴承	2	
7	压轮挡圈	4	
8	横向带轮压轮轴	2	

续表

序号	名称	数量	实物图
9	步进电机	1	
10	平移电机同步带轮	1	
11	横向开关	1	
12	横向同步带调整座压块	2	
13	横向拖链槽	1	
14	横向拖链槽固定柱	2	

续表

序号	名称	数量	实物图
15	横向平移电机座	1	
16	横向同步带调整座	2	
17	平移线性导轨副	1	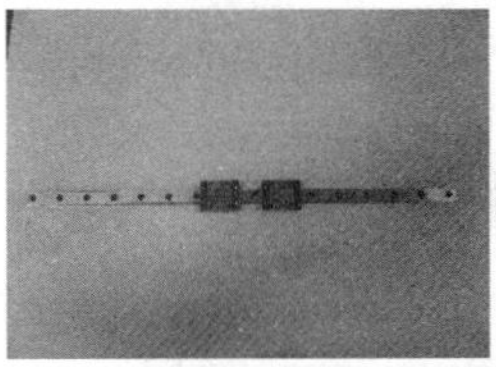
18	同步带	1	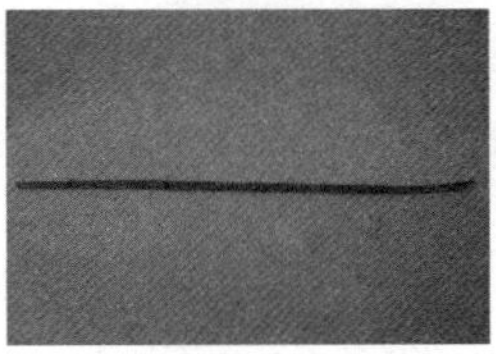

2）连接件与其他

横向平移部件连接螺钉、弹簧、挡圈等一系列标准与非标准件的名称、数量及实物如表 2-10 所示。

表 2-10　横向平移部件连接件与其他

序号	名称	数量	实物图
1	M3×6 圆柱头内六角螺钉	12	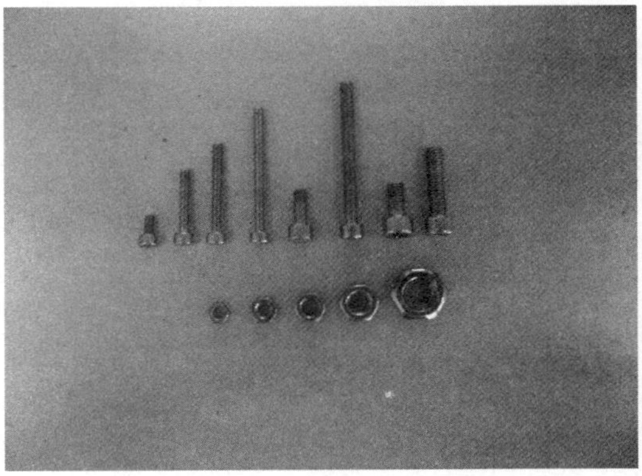
2	M3×12 圆柱头内六角螺钉	2	
3	M3×13 圆柱头内六角螺钉	1	
4	M3×25 圆柱头内六角螺钉	2	
5	M3×35 圆柱头内六角螺钉	6	
6	M4×10 圆柱头内六角螺钉	4	
7	M4×40 圆柱头内六角螺钉	2	

续表

序号	名称	数量	实物图
8	M5×10 圆柱头内六角螺钉	2	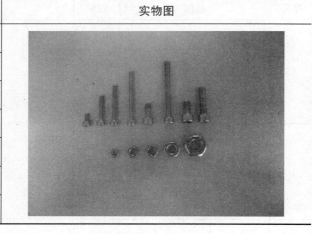
9	M5×20 圆柱头内六角螺钉	1	
10	M6 螺母	7	
11	M7 螺母	2	
12	M8 螺母	1	
13	M10 螺母	2	
14	M19 螺母	2	

3）工具准备

横向平移部件安装过程中使用的工具如表 2-11 所示。

表 2-11 横向平移部件安装工具

序号	名称	数量	实物图
1	内六角扳手	1	
2	14 号呆扳手	1	
3	7 号呆扳手	1	
4	12 号呆扳手	1	

2. 装配工艺

横向平移部件装配工艺卡见表 2-12。

表 2-12 横向平移部件装配工艺卡

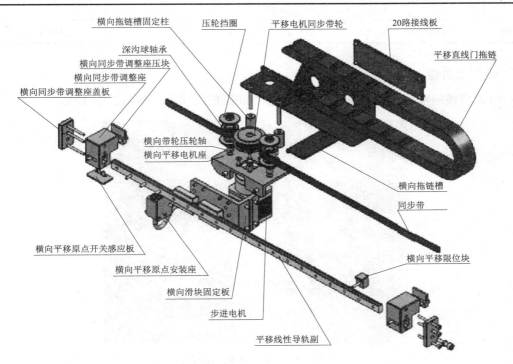

序号	零件名称	工序内容	工具	备注
1	横向滑块固定板	将横向滑块固定板固定在纵向滑块固定板上	内六角扳手	
2	横向同步带调整座盖板	分别安装在横向同步带调整座上，拧入调整螺丝，将横向同步带调整座分别安装在横向平移导轨副的两侧	内六角扳手	
3	横向平移原点开关感应板	将横向平移原点开关感应板装在横向同步带调整座上	内六角扳手	
4	横向平移限位块	安装在平移线性导轨副上	内六角扳手	
5	横向平移电机座	将横向平移电机座安装在横向滑块固定板上	内六角扳手	
6	步进电机	将步进电机安装在横向平移电机座上，平移电机同步带轮安装上	内六角扳手	
7	横向带轮压轮轴	将压轮挡圈和深沟球轴承套在横向带轮压轮轴上，安装在横向平移电机座上	内六角扳手 呆扳手	
8	横向平移原点开关安装板	将其安装在横向滑块固定板上，然后安装传感器 S04	内六角扳手	

序号	零件名称	工序内容	工具	备注
9	同步带	将平移电机同步带轮安装在同步电机轴上，将同步带穿入同步带轮中，一端安装在横向同步带调整座压块上，张紧	内六角扳手	
10	横向拖链槽	将横向拖链槽安装在横向平移电机座上	内六角扳手	

3. 安装过程

（1）将横向滑块固定板固定在平移线性导轨副的滑块上，如图 2-28 所示。

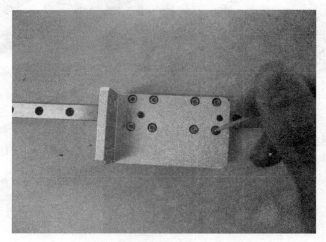

图 2-28 横向滑块固定板安装

（2）将要安装到平移线性导轨副左右两侧的横向同步带调整座压块和横向同步带调整座盖板分别安装至横向同步带调整座上，然后预紧调整螺钉，如图 2-29 所示。

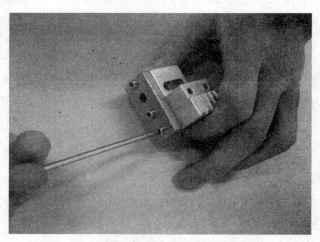

图 2-29 横向同步带调整座安装

（3）将横向平移原点开关感应板安装在横向同步带调整座上，如图 2-30 所示。

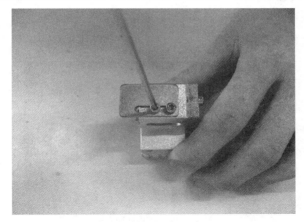

图 2-30 横向平移原点开关感应板安装

（4）将横向平移限位块安装在平移线性导轨副上，如图 2-31 所示。

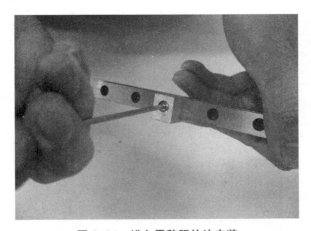

图 2-31 横向平移限位块安装

（5）将横向平移电机座安装在横向滑块固定板上，如图 2-32 所示。

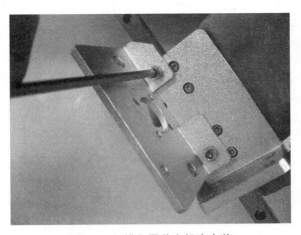

图 2-32 横向平移电机座安装

（6）将步进电机安装在横向平移电机座上，如图 2-33 所示，然后将平移电机同步带轮安装到横向平移电机轴上。

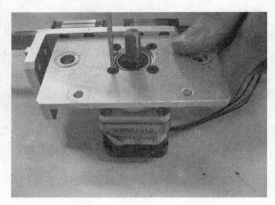

图 2-33　步进电机安装

（7）将压轮挡圈和深沟球轴承套在横向带轮压轮轴上，双向拧紧，可用垫片调整挡圈与轴承间的间隙，如图 2-34 所示。

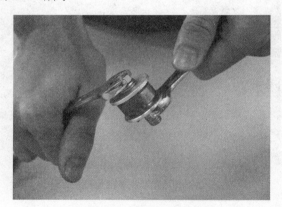

图 2-34　压轮挡圈和深沟球轴承安装

（8）将横向带轮压轮轴安装在横向平移电机座上，如图 2-35 所示。

图 2-35　横向带轮压轮轴安装

（9）将横向平移原点安装座安装在横向滑块固定板上，如图 3-36 所示，然后将接近传感器 S04 安装在横向平移原点安装座上，注意朝向。

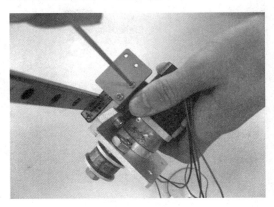

图 2-36　横向平移原点安装座安装

（10）将同步带穿入左右两侧压轮和同步带轮中，然后两端分别安装在左右两侧的横向同步带调整座压块上，通过横向同步带调整螺钉调节张紧力，如图 2-37 所示。

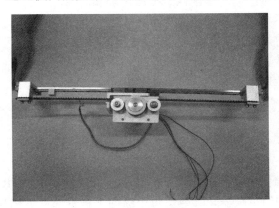

图 2-37　同步带安装与张紧

（11）将横向拖链槽安装在横向平移电机座上，如图 2-38 所示。

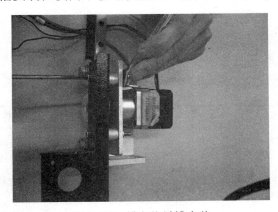

图 2-38　横向拖链槽安装

（12）完成横向平移部件安装，如图2-39所示。

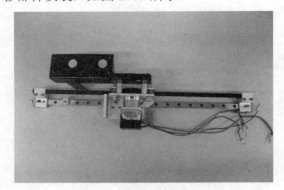

图2-39 横向平移部件安装完成图

4. 安装注意事项

（1）所有螺钉是否紧固。
（2）螺钉按对角方式先预紧后拧紧，用力大小合适。
（3）过盈配合、相对运动的零部件装配前需加润滑油。
（4）装配过程中不要损坏零件表面质量。
（5）零件装配符合规范。
（6）按照工艺文件要求进行装配，注意安装顺序。
（7）严格执行安全操作规程。

学习任务4 纵向平移部件安装

【任务描述】

本任务主要学习如何按装配工艺表正确有序地安装机器人 STR12-280 的纵向平移部件，熟练使用工量具和简单仪器，并熟悉每个纵向平移零部件名称与作用。

【任务实施】

1. 准备工作

1）零部件准备

纵向平移零部件名称、数量及实物图如表2-13所示。

表2-13 纵向平移零部件

序号	名称	数量	实物图
1	平移线性导轨副	1	

续表

序号	名称	数量	实物图
2	感应开关	1	
3	平移同步带轮	1	
4	步进电机	1	
5	步进电机座	1	
6	平移带轮轴	1	
7	纵向平移带轮座	1	
8	车轮拉垫	1	

序号	名称	数量	实物图
9	纵向滑块固定板	1	
10	纵向平移原点开关感应板	1	
11	下压块	1	
12	上压块	1	

2）连接件与其他

纵向平移部件连接螺钉、弹簧、挡圈等一系列标准与非标准件名称、数量及实物如表 2-14 所示。

表 2-14 纵向平移部件连接件与其他

序号	名称	数量	实物图
1	M3×6 平头内六角螺钉	4	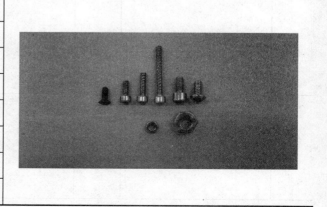
2	M3×8 圆柱头内六角螺钉	15	
3	M3×12 圆柱头内六角螺钉	4	
4	M3×25 圆柱头内六角螺钉	2	
5	M4×8 圆柱头内六角螺钉	8	
6	M4×8 圆柱头内六角螺钉	3	
7	M6 螺母	6	
8	M10 螺母	1	

3）工具准备

纵向平移部件安装过程中使用的工具如表 2-15 所示。

表 2-15 纵向平移部件安装工具

序号	名称	数量	实物图
1	内六角扳手	1	
2	10 号呆扳手	1	

2. 装配工艺

纵向平移部件装配工艺卡见表 2-16。

表 2-16 纵向平移部件装配工艺卡

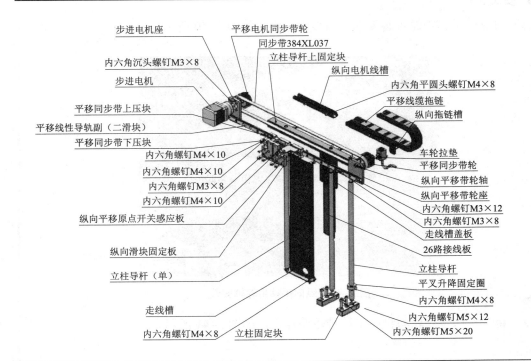

续表

序号	零件名称	工序内容	工具	备注
1	平移同步带轮	把纵向平移带轮轴装入平移同步带轮中	内六角扳手	
2	纵向平移带轮座	平移同步带轮与纵向平移带轮座连接,装在平移线性导轨副上	内六角扳手	
3	步进电机	把步进电机装在步进电机座上	内六角扳手	
4	平移电机同步带轮	把平移电机同步带轮装在步进电机上,步进电机座装在平移线性导轨副上	内六角扳手	
5	同步带	张紧	内六角扳手	
6	纵向滑块固定板	把纵向滑块固定板固定在平移线性导轨副上	内六角扳手	
7	纵向平移原点开关感应板	把纵向平移原点开关感应板固定在纵向滑块固定板上	内六角扳手 呆扳手	
8	平移同步带下压块	把平移同步带下压块固定在纵向滑块固定板上,平移同步带上压块压住同步带	内六角扳手	

3. 安装过程

(1) 将纵向平移带轮轴装入平移同步带轮中,如图 2-40 所示。

图 2-40 纵向平移带轮轴安装

(2) 将平移同步带轮与纵向平移带轮座连接,如图 2-41 所示。

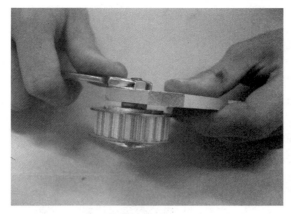

图 2-41 平移同步带轮与纵向平移带轮座连接

(3) 将纵向平移带轮座安装在平移线性导轨副上，预紧，如图 2-42 所示。

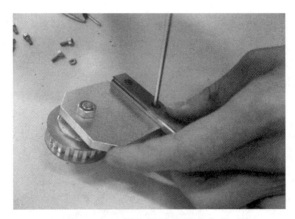

图 2-42 纵向平移带轮座安装

(4) 将步进电机安装在步进电机座上，然后在步进电机轴上安装平移电机同步带轮，螺塞起紧定作用，最后将步进电机座安装在平移线性导轨副上，如图 2-43 所示。

图 2-43 步进电机与步进电机座的安装

(5)同步带安装,用纵向平移带轮座张紧同步带,如图 2-44 所示。

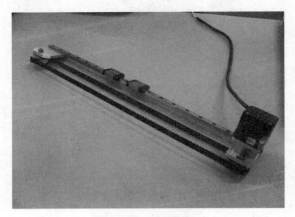

图 2-44 同步带安装

(6)把纵向滑块固定板安装在平移线性导轨副上,如图 2-45 所示。

图 2-45 纵向滑块固定板安装

(7)将纵向平移原点开关感应板固定在纵向滑块固定板上,如图 2-46 所示。

图 2-46 纵向平移原点开关感应板安装

（8）将平移同步带下压块固定在纵向滑块固定板上，然后将平移同步带上压块压住同步带，拧紧，如图2-47所示。

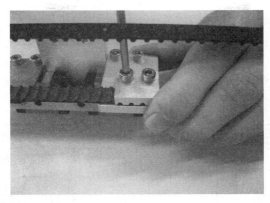

图2-47　平移同步带上、下压块安装

（9）完成纵向平移部件安装，如图2-48所示。

图2-48　纵向平移部件安装完成图

4．安装注意事项

（1）所有螺钉是否紧固。
（2）螺钉按对角方式先预紧后拧紧，用力大小合适。
（3）过盈配合、相对运动的零部件装配前需加润滑油。
（4）装配过程中不要损坏零件表面质量。
（5）零件装配符合规范。
（6）按照工艺文件要求进行装配，注意安装顺序。
（7）严格执行安全操作规程。

学习任务5　平叉部件安装

【任务描述】

本任务主要学习如何按装配工艺表正确有序地安装机器人STR12-280的平叉部件，熟练使用工量具和简单仪器,并熟悉平叉每个零部件名称与作用。

【任务实施】

1. 准备工作

1) 零部件准备

平叉零部件名称、数量及实物图如表 2-17 所示。

表 2-17 平叉零部件

序号	名称	数量	实物图
1	平叉升降感应片	1	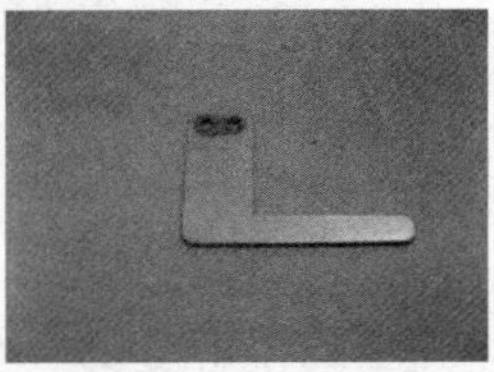
2	平叉前伸限位块	1	
3	平叉前伸限位片	1	
4	接近开关	2	
5	平叉后缩感应片	1	
6	平叉导杆	2	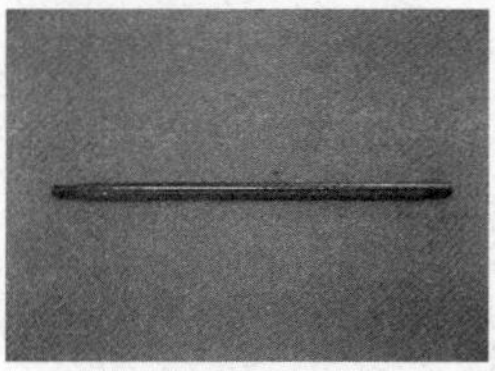

续表

序号	名称	数量	实物图
7	平叉导杆连接板	1	
8	平叉丝杠螺母	1	
9	小齿轮（大孔）	1	
10	平叉	2	
11	小齿轮（小孔）	1	
12	平叉电机座	1	
13	平叉伸缩电机	1	

续表

序号	名称	数量	实物图
14	平叉丝杠	1	
15	深沟球轴承	1	
16	带法兰线性衬套（小）	2	
17	平叉支架连接板	1	
18	平叉支架（左）	1	
19	平叉支架（右）	1	
20	带法兰线性衬套（大）	2	

续表

序号	名称	数量	实物图
21	平叉升降铜垫块	1	
22	升降滑块	1	

2）连接件与其他

平叉部件连接螺钉、弹簧、挡圈等一系列标准与非标准件名称、数量及实物如表 2-18 所示。

表 2-18　平叉部件连接件与其他

序号	名称	数量	实物图
1	M3×6 圆柱头内六角螺钉	6	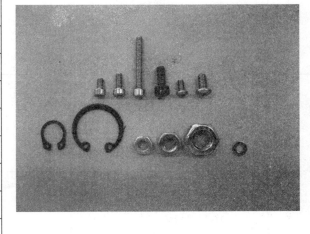
2	M3×8 圆柱头内六角螺钉	12	
3	M3×25 圆柱头内六角螺钉	4	
4	M4×10 圆柱头内六角螺钉	13	
5	M3×6 圆头内六角螺钉	2	
6	M4×8 圆头内六角螺钉	2	
7	M8 螺母	2	
8	M10 螺母	2	
9	M19 螺母	2	
10	φ7 垫圈	2	
11	φ22 孔用弹性挡圈	1	
12	φ9 轴用弹性挡圈	1	

3）工具准备

平叉部件安装过程中使用的工具如表 2-19 所示。

表 2-19　平叉部件安装工具

序号	名称	数量	实物图
1	内六角扳手	1	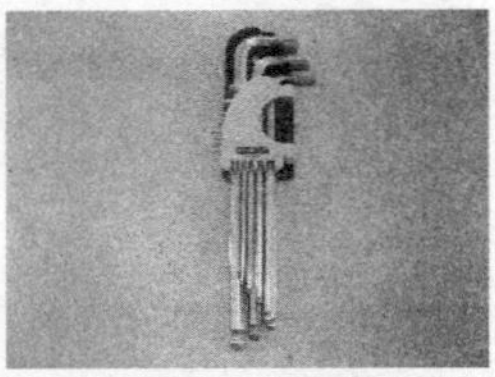
2	14 号呆扳手	1	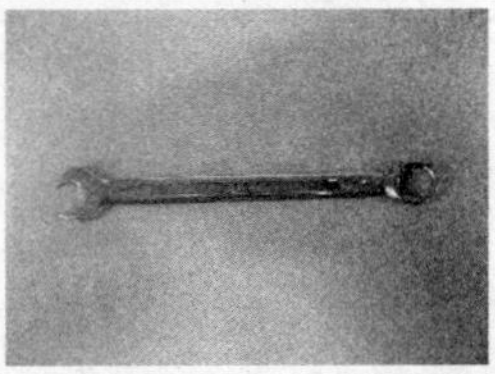
3	剪刀	1	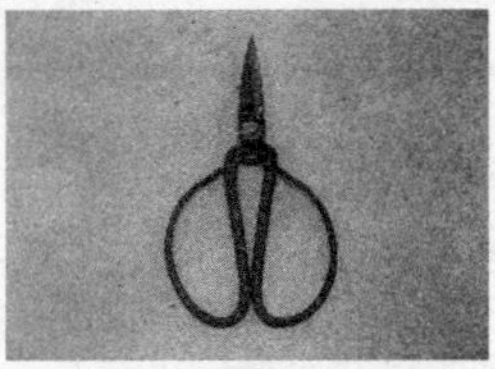
4	孔用卡簧钳	1	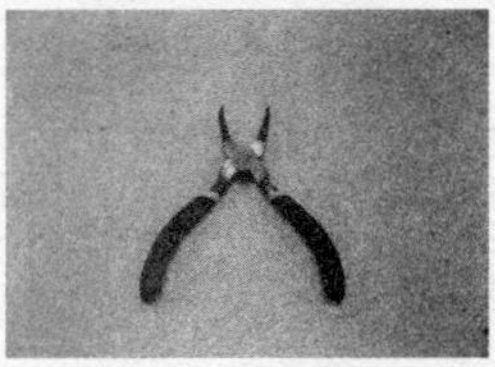
5	轴用卡簧钳	1	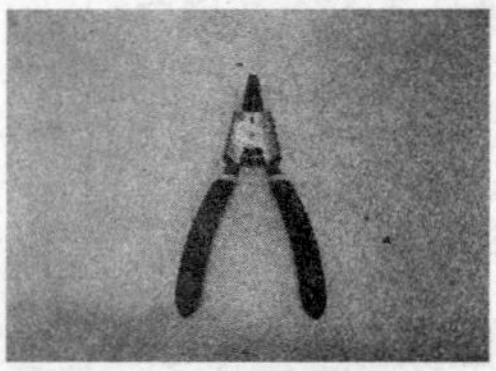
6	5 号呆扳手	1	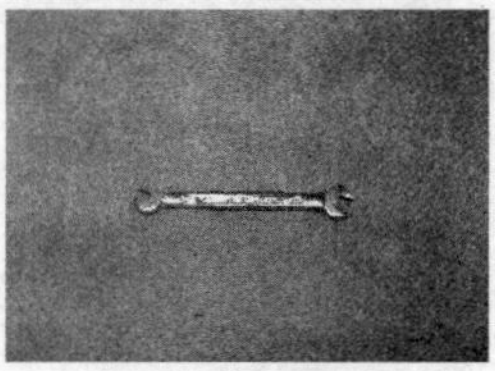
7	10 号呆扳手	1	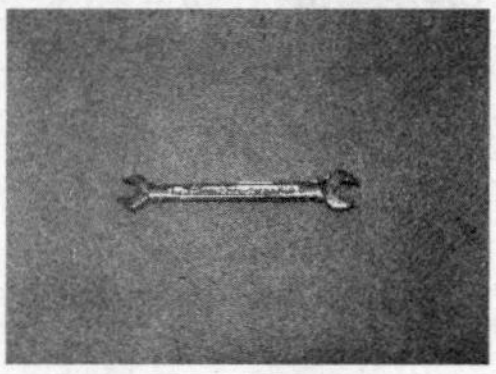

2. 装配工艺

平叉部件装配工艺卡见表 2-20。

表 2-20 平叉部件装配工艺卡

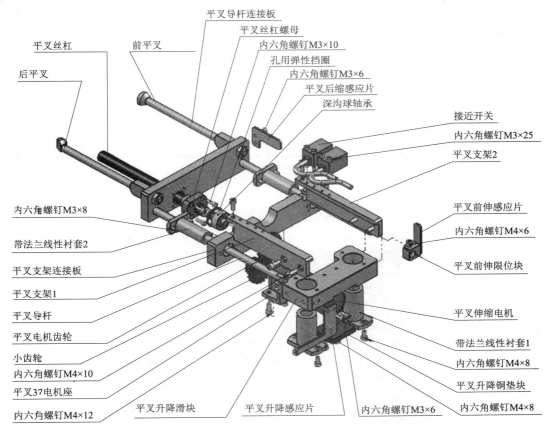

序号	零件名称	工序内容	工具	备注
1	带法兰线性衬套	装入平叉升降滑块中	内六角扳手	
2	平叉升降铜垫块	装入平叉升降滑块中	内六角扳手	
3	平叉升降感应片	装在平叉升降滑块上	内六角扳手	
4	带法兰线性衬套	装入平叉支架连接板上	内六角扳手	
5	深沟球轴承	装入平叉支架连接板上	内六角扳手 孔用卡簧钳	
6	平叉丝杠	装在深沟球轴承内	内六角扳手 轴用卡簧钳	
7	平叉伸缩电机	安装在平叉电机座上，安装在平叉支架连接板上	内六角扳手	
8	小齿轮	将其安装在平叉丝杠上	内六角扳手	
9	平叉支架	用平叉支架将平叉支架连接板和平叉升降滑块固定	内六角扳手	
10	前平叉，后平叉	将其安装在平叉导杆连接板上	内六角扳手 呆扳手	

续表

序号	零件名称	工序内容	工具	备注
11	平叉后缩感应片	将其安装在平叉导杆连接板上	内六角扳手	
12	平叉丝杠螺母	将其安装在平叉导杆连接板上	内六角扳手	
13	平叉导杆	将其安装在平叉导杆连接板上，塞入带法兰线性衬套中	内六角扳手	
14	平叉前伸限位块	将其安装在平叉导杆上	内六角扳手	
15	接近开关	将S06和S07其安装在平叉支架上	内六角扳手	

3. 安装过程

（1）将带法兰线性衬套装入平叉升降滑块中，拧紧，如图2-49所示。

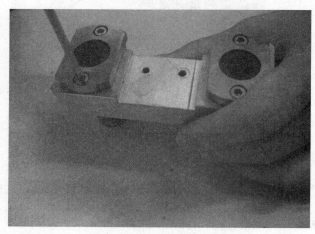

图2-49　带法兰线性衬套

（2）将平叉升降铜垫块装入平叉升降滑块中，拧紧，如图2-50所示。

图2-50　平叉升降铜垫块安装

(3) 将平叉升降感应片安装在平叉升降滑块上,如图 2-51 所示。

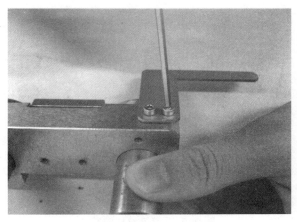

图 2-51　平叉升降感应片安装

(4) 将带法兰线性衬套装入平叉支架连接板上,如图 2-52 所示。

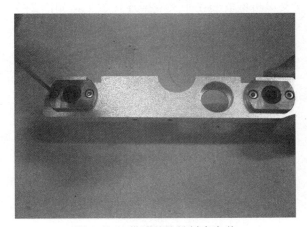

图 2-52　带法兰线性衬套安装

(5) 将深沟球轴承装入平叉支架连接板上,然后用孔用弹性挡圈卡住,如图 2-53 所示。

图 2-53　深沟球轴承安装

（6）将平叉丝杠装入深沟球轴承，在伸出端用轴用弹性挡圈卡住，如图 2-54 所示。

图 2-54　平叉丝杠安装

（7）将平叉伸缩电机安装在平叉电机座上，然后在平叉电机轴上安装上平叉电机齿轮，用螺塞紧定，最后将平叉电机座安装在平叉支架连接板上，如图 2-55 所示。

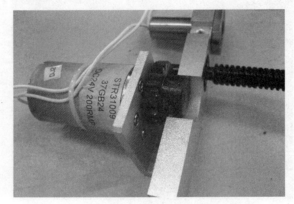

图 2-55　平叉伸缩电机安装、固定

（8）将小齿轮安装在平叉丝杠上，用螺塞紧定，如图 2-56 所示。

图 2-56　小齿轮安装

（9）用平叉支架将平叉支架连接板和平叉升降滑块连接、固定，如图 2-57 所示。

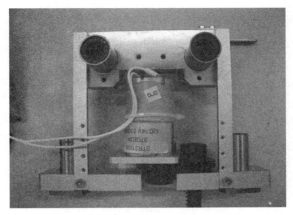

图 2-57　平叉支架的连接、安装

（10）将前平叉和后平叉安装在平叉导杆连接板上，如图 2-58 所示。

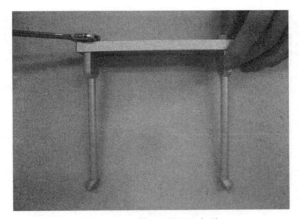

图 2-58　前、后平叉安装

（11）将平叉后缩感应片安装在平叉导杆连接板上，如图 2-59 所示。

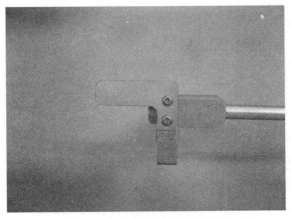

图 2-59　平叉后缩感应片安装

（12）将平叉丝杠螺母安装在平叉导杆连接板上,如图 2-60 所示。

图 2-60　平叉丝杠螺母安装

（13）将平叉导杆安装在平叉导杆连接板上,然后塞入带法兰线性衬套中,如图 2-61 所示。

图 2-61　平叉导杆安装、连接

（14）将平叉前伸限位块安装在平叉导杆上,如图 2-62 所示。

图 2-62　平叉前伸限位块安装

（15）将接近传感器 S06 和 S07 安装在平叉支架上，如图 2-63 所示。

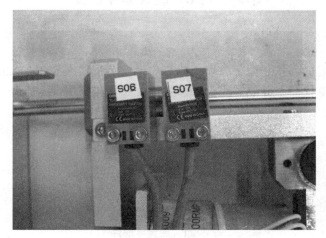

图 2-63　接近传感器 S06、S07 安装

（16）完成平叉部件安装，如图 2-64 所示。

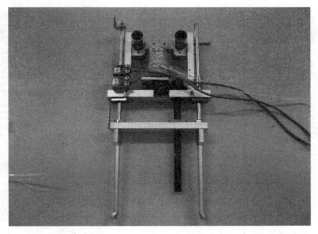

图 2-64　平叉部件安装完成图

4. 安装注意事项

（1）所有螺钉是否紧固。
（2）螺钉按对角方式先预紧后拧紧，用力大小合适。
（3）过盈配合、相对运动的零部件装配前需加润滑油。
（4）装配过程中不要损坏零件表面质量。
（5）零件装配符合规范。
（6）按照工艺文件要求进行装配，注意安装顺序。
（7）严格执行安全操作规程。

学习任务 6　底盘部件安装

【任务描述】

本任务主要学习如何按装配工艺表正确有序地安装机器人 STR12-280 的底盘部件,熟练使用工量具和简单仪器,并熟悉底盘每个零部件名称与作用。

【任务实施】

1. 准备工作

1)零部件准备

底盘零部件名称、数量及实物图如表 2-21 所示。

表 2-21　底盘零部件

序号	名称	数量	实物图
1	轴承	4	
2	平叉接近开关	2	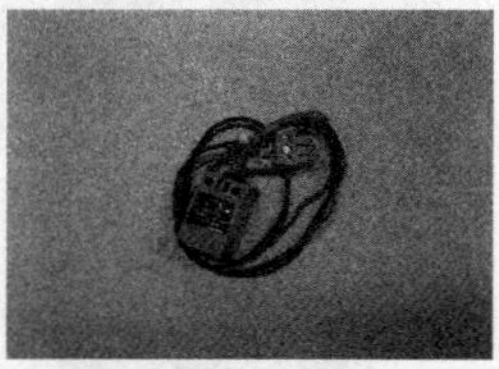
3	平叉升降接近开关安装板	1	
4	上平板支柱	4	
5	侧向导向轮	2	

续表

序号	名称	数量	实物图
6	电池盒	1	
7	立柱导杆	2	
8	平叉升降偏心轮	1	
9	平叉升降电机座	1	
10	平叉升降电机	1	
11	立柱固定块	2	
12	立柱导杆（单）	1	

续表

序号	名称	数量	实物图
13	步进电机驱动器	3	
14	光纤传感器放大器	1	
15	光纤传感器	1	
16	光纤传感器放大器固定座	1	
17	循线传感板	1	
18	电机驱动板	1	
19	主控制板	1	

续表

序号	名称	数量	实物图
20	同步带	2	
21	车轮电机同步带轮	2	
22	行走电机	2	
23	行走电机支座	2	
24	循线传感器	1	
25	传感盒	1	
26	传感盒支架	2	

续表

序号	名称	数量	实物图
27	万向轮	1	
28	万向轮支柱	4	
29	车轮拉垫	2	
30	车轮轴	1	
31	轮轴支座	2	
32	车轮同步带齿轮	2	
33	O型圈	4	

续表

序号	名称	数量	实物图
34	车轮轮毂	2	
35	底板	1	
36	STR12 边罩	1	
37	STR12 开关面板	1	
38	工件存放台板	1	
39	工件存放台定位柱	6	
40	工件存放台支柱	5	
41	上平板	1	

2）连接件与其他

底盘部件连接螺钉、弹簧、挡圈等一系列标准与非标准件名称、数量及实物如表 2-22 所示。

表 2-22 底盘部件连接件与其他

序号	名称	数量	实物图
1	M3×6 圆头内六角螺钉	4	
2	M3×8 圆头内六角螺钉	8	
3	M4×8 圆头内六角螺钉	21	
4	M4×25 圆头内六角螺钉	8	
5	M5×10 圆头内六角螺钉	6	
6	M3×6 圆柱头内六角螺钉	16	
7	M3×8 圆柱头内六角螺钉	12	
8	M3×25 圆柱头内六角螺钉	4	
9	M4×8 圆柱头内六角螺钉	5	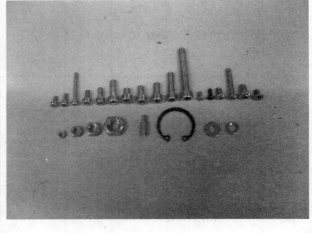
10	M4×10 圆柱头内六角螺钉	6	
11	M5×7 圆柱头内六角螺钉	2	
12	M5×10 圆柱头内六角螺钉	5	
13	M5×11 圆柱头内六角螺钉	2	
14	M5×15 圆柱头内六角螺钉	4	
15	M5×19 圆柱头内六角螺钉	4	
16	M6×40 圆柱头内六角螺钉	4	
17	M4×5 平头内六角螺钉	2	
18	M6 螺母	12	
19	M7 螺母	2	
20	M8 螺母	10	
21	M10 螺母	4	
22	M14 螺母	1	
23	ϕ12 垫圈	2	
24	ϕ10 垫圈	4	
25	M5×11 带螺纹铜柱	20	
26	ϕ22 孔用弹性挡圈	2	

3）工具准备

底盘部件安装过程中使用的工具如表 2-23 所示。

表 2-23 底盘部件安装工具

序号	名称	数量	实物图
1	内六角扳手	1	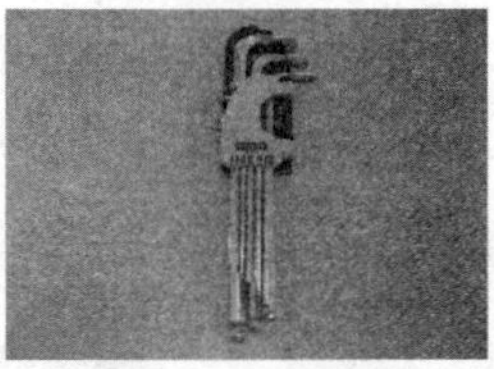
2	14 号呆扳手	1	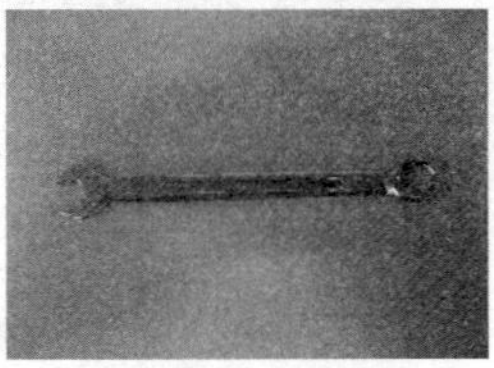
4	孔用卡簧钳	1	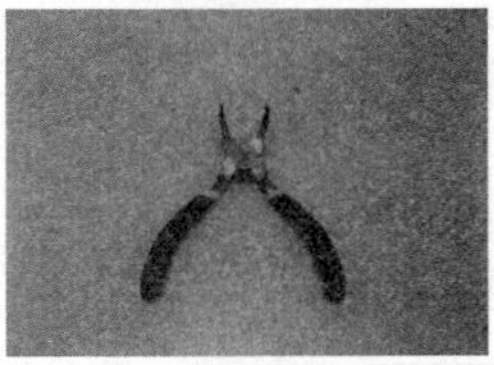
6	5 号呆扳手	1	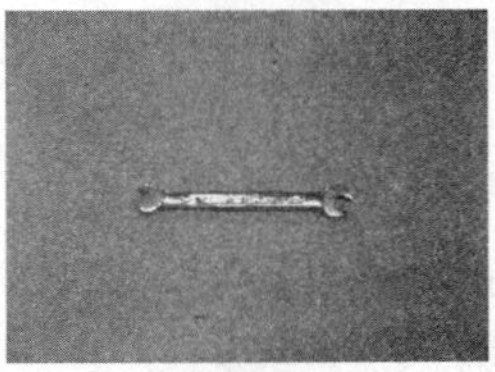
7	10 号呆扳手	1	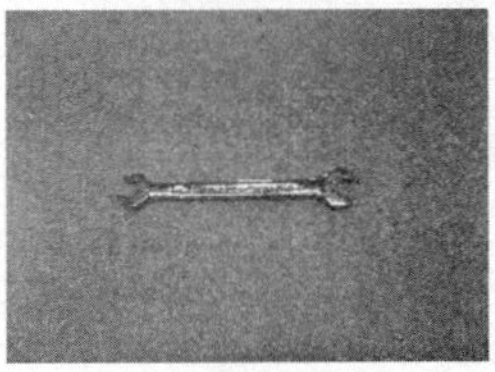
8	台用虎钳	1	
9	橡胶锤	1	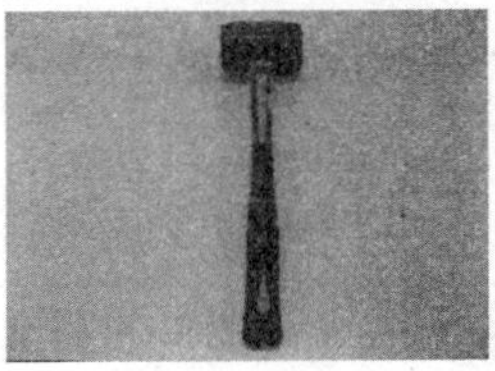

2. 装配工艺

底盘部件装配工艺卡见表2-24。

表2-24 底盘部件装配工艺卡

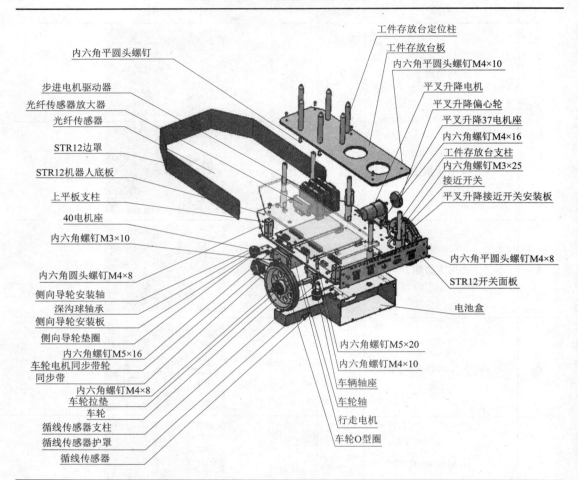

序号	零件名称	工序内容	工具	备注
1	车轮轮毂	把O型圈套入车轮轮毂并将轴承装入车轮轮毂；把孔用弹性挡圈装入车轮轮毂	内六角扳手 孔用卡簧钳	
2	车轮同步带齿轮	把同步带轮装入车轮轮毂	内六角扳手	
3	车轮轴	将车轮轴一端装入轴承；把轮轴支座穿入车轮轴；将车轮轴另一端装入轴承；用车轮拉垫限位	内六角扳手	
4	底盘	把车轮轴支座装入底板；锁紧车轮轴	内六角扳手	
5	万向轮	通过万向轮支柱固定万向轮	内六角扳手	
6	底板	安装电池盒	内六角扳手	

续表

序号	零件名称	工序内容	工具	备注
7	行走电机支座	行走电机支座与行走电机连接	内六角扳手	
8	电机同步带轮	电机同步带轮与电机轴连接	内六角扳手	
9	行走电机	把行走电机支座装在底板上（从后向前看左为L，右为R）（预紧）再把同步带装上并张紧	内六角扳手	
10	循线传感器	把循线传感器装入传感盒内。并把传感器盒装在底板上	内六角扳手	
11	电路板	电机驱动板 JD24——>主板 JM22 电机驱动板 BJ12——>主板 JM20 电机驱动板 DJ12——>主板 JM19 电机驱动板 DJRL——>主板 JM18 循线传感板 JS2——>主板 JM15		
12	步进电机驱动器	将其安装在机器人底板上	内六角扳手	
13	立柱导杆	将其安装在机器人底板上	内六角扳手 呆扳手	
14	平叉升降电机座	把平叉升降电机安装在电机座上，把它安装在底板上	内六角扳手	
15	平叉升降接近开关安装板	装上 S07，S08，把它安装在底板上	内六角扳手	
16	上平板支柱	将上平板支柱和侧向导向轮装在底板上	内六角扳手 呆扳手	
17	工件存放台支柱	将工件存放台支柱装在底板上	内六角扳手	
18	STR12 边罩	将 STR12 边罩固定在上平板支柱上	内六角扳手	
19	STR12 开关面板	将 STR12 开关面板固定在上平板支柱上	内六角扳手	
20	工件存放台定位柱	将工件存放台定位柱固定在工件存放台板上	内六角扳手	
21	上平板	将上平板固定在上平板支柱上	内六角扳手	
22	工件存放台板	将工件存放台板固定在工件存放台支柱上	内六角扳手	

3. 安装过程

（1）将 O 型圈套入车轮轮毂凹槽内，然后将深沟球轴承装入车轮轮毂，卡上孔用弹性挡圈，如图 2-65 所示。

图 2-65　深沟球轴承安装

（2）将同步带轮安装在车轮轮毂上，如图 2-66 所示。

图 2-66　同步带轮安装

（3）将车轮轴一端装入轴承，然后用车轮拉垫限位，接着将 2 块轮轴支座穿入车轮轴，再将车轮轴另一端装入轴承，同样用车轮拉垫限位另一端，如图 2-67 所示。

图 2-67　车轮轴安装

（4）将 2 块车轮轴支座与底板固定，然后用紧定螺钉锁紧车轮轴，如图 2-68 所示。

图 2-68　车轮轴支座安装

（5）通过万向轮支柱将万向轮固定在底板上，如图 2-69 所示。

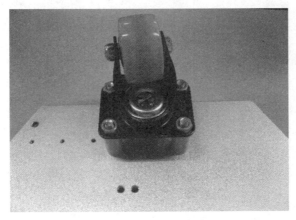

图 2-69　万向轮安装

（6）将电池盒安装在底板上，如图 2-70 所示。

图 2-70　电池盒安装

(7）将行走电机安装在行走电机支座上，如图 2-71 所示。

图 2-71　行走电机安装

(8）将电机同步带轮通过紧定螺钉安装在电机轴上，如图 2-72 所示。

图 2-72　电机同步带轮安装

(9）将行走电机支座安装在底板上（从后向前看左为标号为 L 号的电机，右为标号为 R 号的电机），先预紧，然后安装同步带，并通过调节行走电机支座位置来张紧同步带，最后固定行走电机支座，如图 2-73 所示。

图 2-73　行走电机支座安装与同步带张紧

（10）将循线传感器装入传感盒内，然后将传感器盒安装在底板上，如图 2-74 所示。

图 2-74　循线传感器及传感器盒安装

（11）接下来连接三块控制电路板，接线规则如下，接线完成如图 2-75 所示。

① 电机驱动板 JD24——>主板 JM22。
② 电机驱动板 BJ12——>主板 JM20。
③ 电机驱动板 DJ12——>主板 JM19。
④ 电机驱动板 DJRL——>主板 JM18。
⑤ 循线传感板 JS2——>主板 JM15。

注：符号"——>"为连接标志。

图 2-75　控制电路板接线图

（12）将步进电机驱动器安装在机器人底板上，如图 2-76 所示。

图2-76 步进电机驱动器安装

(13) 将立柱导杆安装在机器人底板上, 如图2-77所示。

图2-77 立柱导杆安装

(14) 将平叉升降电机安装在平叉升降电机座上, 然后通过紧定螺塞将偏心轮安装在电机轴上, 最后将平叉升降电机座安装在底板上, 如图2-78所示。

图2-78 平叉升降电机及电机座安装

（15）将接近传感器 S07、S08 安装在平叉升降接近开关安装板上，然后将平叉升降接近开关安装板安装到底板上，如图 2-79 所示。

图 2-79　平叉升降接近传感器安装

（16）将上平板支柱和侧向导向轮安装在底板上，如图 2-80 所示。

图 2-80　上平板支柱和侧向导向轮安装

（17）将工件存放台支柱安装在底板上，如图 2-81 所示。

图 2-81　工件存放台支柱安装

（18）将STR12边罩固定在上平板支柱上，如图2-82所示。

图2-82　STR12边罩安装

（19）将STR12开关面板固定在上平板支柱上，如图2-83所示。

图2-83　STR12开关面板安装

（20）将工件存放台定位柱固定在工件存放台板上，如图2-84所示。

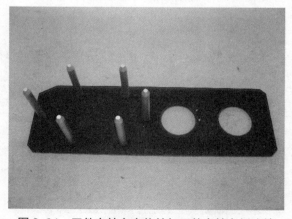

图2-84　工件存放台定位柱与工件存放台板连接

（21）将上平板固定在上平板支柱上，如图 2-85 所示。

图 2-85　上平板安装

（22）将工件存放台板固定在工件存放台支柱上，如图 2-86 所示。

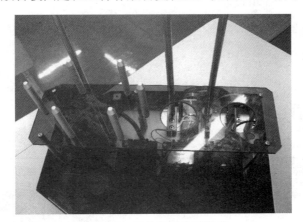

图 2-86　工件存放台板安装

（23）完成底盘部件安装，如图 2-87 所示。

图 2-87　底盘部件安装完成图

4. 安装注意事项

（1）所有螺钉是否紧固。
（2）螺钉按对角方式先预紧后拧紧，用力大小合适。
（3）过盈配合、相对运动的零部件装配前需加润滑油。
（4）装配过程中不要损坏零件表面质量。
（5）零件装配符合规范。
（6）按照工艺文件要求进行装配，注意安装顺序。
（7）严格执行安全操作规程。

学习任务 7　机器人的总装

【任务描述】

本任务主要学习如何按装配工艺表正确有序地安装机器人 STR12–280 的各部件，完成总装，熟练使用工量具和简单仪器。

【任务实施】

1. 准备工作

1）零件准备

机器人总装前零部件准备如表 2–25 所示。

表 2–25　总装所需零部件

序号	名称	数量	实物图
1	手爪部件	1	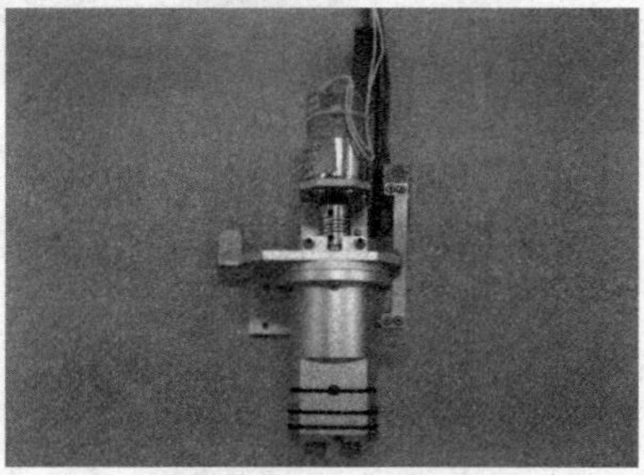
2	升降部件	1	

续表

序号	名称	数量	实物图
3	横向平移部件	1	
4	纵向平移部件	1	
5	平叉部件	1	
6	底盘部件	1	

2）连接件与其他

机器人 STR12-280 总装所需的连接件名称、数量及实物如表 2-26 所示。

表 2-26 总装连接件与其他

序号	名称	数量	实物图
1	M3×8 圆柱头内六角螺钉	7	
2	M3×12 圆柱头内六角螺钉	2	
3	M3×16 圆柱头内六角螺钉	3	
4	M3 圆柱螺母	5	
5	M4×10 圆柱头内六角螺钉	16	
6	M5×10 圆柱头内六角螺钉	3	

3）工具准备

总装安装过程中使用的工具如表 2-27 所示。

表 2-27 机器人总装工具

序号	名称	数量	实物图
1	内六角扳手	1	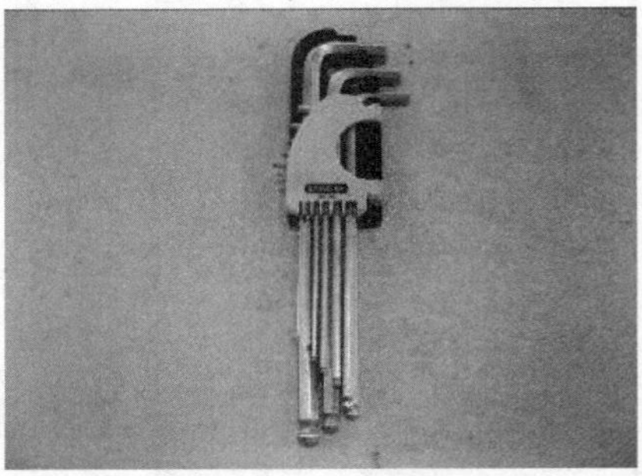
2	一字起	1	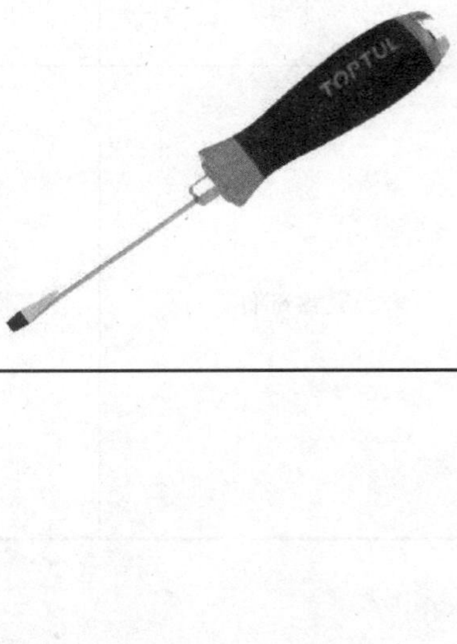

2. 装配工艺

机器人总装装配工艺卡见表 2-28。

表 2-28 机器人总装装配工艺卡

序号	零件名称	工序内容	工具	备注
1	平移线性导轨副	将其安装在立柱导杆上固定块上	一字起 内六角扳手	
2	平移部件穿线 至底盘	上方线接至 26 路接线板右侧 下方的线接至 26 路接线排左侧	一字起 内六角扳手	
3	平移部件穿线 至升降部件	平移部件接线至 20 路接线排上方 升降部件接线至 20 路接线排下方	一字起 内六角扳手	
4	升降部件连接 至平移部件	最外侧 3 孔安装升降手爪部件	一字起 内六角扳手	
5	平移部件穿线 至升降部件	平移部件接线至 18 路接线排左方	一字起 内六角扳手	
6	检查	对机器人的外观和容易出错的地方进行检查		

3. 安装过程

（1）将纵向平移线性导轨副安装到立柱导杆上，安装走线槽，连接纵向平移部件和底盘部件如图 2-88 所示。

图 2-88　纵向平移部件与底盘部件连接示意图

（2）将横向滑块固定板安装到纵向滑块固定板上，连接横向平移部件与纵向平移部件，如图 2-89 所示。

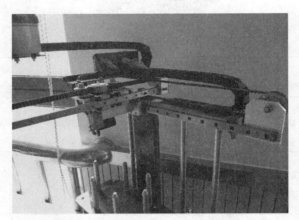

图 2-89　横向平移部件与纵向平移部件连接示意图

（3）将升降滑块固定板安装到横向平移导轨副上，连接升降部件与横向部件，如图 2-90 所示。

图 2-90　升降部件与横向平移部件连接示意图

（4）将手爪固定座安装到升降齿条上，连接手爪部件与升降部件，如图 2-91 所示。

图 2-91　手爪部件与升降部件连接

（5）手爪部件与升降部件以及警示灯电气导线连接，所有信号线都连在 18 路端子排右侧，左侧为 18 路导线出线，如图 2-92 所示。连接完成则如图 2-93 所示。

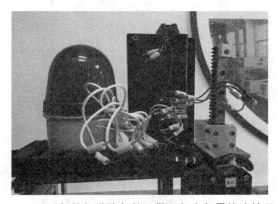

图 2-92　手爪部件与升降部件及警示灯电气导线连接示意图

图 2-93　手爪部件与升降部件电气导线连接完成图

（6）18路端子出线与横向平移部件电气导线连接，18路端子出线和横向平移部件所有信号线连在20路横向端子排下端，上端为20路导线出线，连接完成如图2-94所示。

图2-94　18路端子出线与横向平移部件电气导线连接完成图

（7）20路端子出线与纵向平移部件电气导线连接，20路端子出线和纵向平移部件所有信号线连在26路端子排右侧，如图2-95所示，左侧为26路导线出线，连接完成如图2-96所示。

图2-95　20路端子出线与纵向平移部件电气导线连接准备图

图2-96　20路端子出线与纵向平移部件电气导线连接完成图

（8）26 路端子出线与平叉部件电气导线以及底盘部件中的 8 路循线传感器、左右行走电机和开关面板电气导线则直接接至三块控制电路板上，最后机器人总装完成如图 2-97 所示。

图 2-97　机器人总装完成图

4. 安装注意事项

（1）所有螺钉是否紧固。
（2）螺钉按对角方式先预紧后拧紧，用力大小合适。
（3）过盈配合、相对运动的零部件装配前需加润滑油。
（4）装配过程中不要损坏零件表面质量。
（5）零件装配符合规范。
（6）按照工艺文件要求进行装配，注意安装顺序。
（7）严格执行安全操作规程。

2.4　任 务 总 结

通过本章节任务的学习，学生可以熟练掌握以下内容：
（1）机器人 STR12-280 的手爪部件安装。
（2）机器人 STR12-280 的升降平移部件安装。

（3）机器人 STR12-280 的横向平移部件安装。
（4）机器人 STR12-280 的纵向平移部件安装。
（5）机器人 STR12-280 的平叉部件安装。
（6）机器人 STR12-280 的底盘部件安装。
（7）机器人 STR12-280 的部件总装。
（8）机器人零部件名称、数量，安装工具使用，装配工艺编排以及机器人安装技能。

2.5 任务评价

任务评价见表 2-29。

表 2-29 任务评价表

情境名称		学习情境 2　机器人 ZKRT-300 的安装		
评价方式	评价模块	评价内容	分值	得分
自评 40%	学习能力	逐一对照情境学习知识目标，根据实际掌握情况打分	4	
	动手能力	逐一对照情境学习技能目标，根据实际掌握情况打分	4	
	协作能力	在分组任务学习过程中，自己的团队协作能力	4	
	完成情况	学习任务 1 完成程度	4	
		学习任务 2 完成程度	4	
		学习任务 3 完成程度	4	
		学习任务 4 完成程度	4	
		学习任务 5 完成程度	4	
		学习任务 6 完成程度	4	
		学习任务 7 完成程度	4	
组评 30%	组内贡献	组内测评个人在小组任务学习过程中的贡献值	10	
	团队协作	组内测评个人在小组任务学习过程中的协作程度	10	
	技能掌握	对照情境学习技能目标，组内测评个人掌握程度	10	
师评 30%	学习态度	个人在情境学习过程中，参与的积极性	10	
	知识构建	个人在情境学习过程中，知识、技能掌握情况	10	
	创新能力	个人在情境学习过程中，表现出的创新思维、动作、语言等	10	
学生姓名		小组编号	总分	100

2.6 情境拓展

与机器人安装相对应的是机器人的拆卸，为方便起见，在机器人的运输、保养、维修过程中往往需要拆解。全国职业院校"机器人技术应用"赛项在比赛开始前，各参赛队首先要保证机器人拆解到位,由此可见掌握机器人拆卸技能同样重要。机器人 STR12-280 组成部件手爪、升降、横向平移、纵向平移、平叉、底盘的拆卸工艺,可分别按各自装配工艺卡表 2-4、表 2-8、表 2-12、表 2-16、表 2-20、表 2-24 逆向进行。

2.7 巩固练习

一、单选题

1. STR12-280 机器人所用循线传感器其实是（　　）。
   A. 光敏传感器　　B. 声敏传感器　　C. 气敏传感器　　D. 化学传感器
2. 机器人 STR12-280 底盘驱动轮有（　　）个。
   A. 1　　B. 2　　C. 3　　D. 4
3. 机器人 STR12-280 全身上下共有（　　）台步进电动机。
   A. 2　　B. 3　　C. 4　　D. 5
4. 下列特点中,不属于蜗杆传动所具有的是（　　）。
   A. 传动比大,结构紧凑　　　　B. 一定条件下可以实现自锁
   C. 传动平稳,无噪声　　　　　D. 传动效率高、制造成本低
5. 润滑脂一般在装配时加入,轴承润滑脂的填充量不宜过多,一般填充量约占轴承内部空的（　　）。
   A. 1/3～1/2　　B. 1/4～1/3　　C. 1/4～1/2　　D. 1/5～1/4
6. 装配精度一般包括零件、部件之间的距离精度、相互位置精度、相对运动精度、（　　）和接触精度。
   A. 尺寸精度　　B. 配合精度　　C. 表面粗糙度　　D. 制作精度
7. 部件装配和总装配都是由若干个装配（　　）组成。
   A. 工步　　B. 工序　　C. 基准零件　　D. 环节
8. 集成电路在焊接时,先焊（　　）的 2 根引脚,以使其定位,然后再从左到右、自上而下逐个焊接。
   A. 左边　　B. 边沿　　C. 右边　　D. 根据情况定
9. 安装中插装二极管时,应注意若引线（　　）时易使玻璃外壳爆裂。
   A. 过长　　B. 过多　　C. 弯曲　　D. 过长和过多
10. 滚动轴承在装配过程中,要控制和调整间隙,方法是使轴承的内外圈做适当的（　　）。
    A. 轴向移动　　B. 径向移动　　C. 变形　　D. 平移

二、判断题

1. (　　) STC12C5A602S 单片机可以有超过 32 个 IO 口。
2. (　　) 在非超载的情况下,步进电机的转速、停止的位置只取决于脉冲信号的频率和脉冲数,而不受负载变化的影响。
3. (　　) STC12C5A60S2 单片机是高档 16 位单片机。

4. （　　）STC12C5A60S2 系列单片机可以没有复位电路。

5. （　　）装配后的蜗杆传动机构，还要检查其转动的灵活性。蜗杆在任何位置，用手旋转蜗轮所需的转矩均应相同，转动灵活，没有咬住现象。

6. （　　）装配时，绝大多数螺纹连接需要预紧，预紧的目的是为了增大连接的紧密性和可靠性，但不能提高螺栓的疲劳强度。

7. （　　）当轴承内圈与轴、外圈与壳体都是过盈配合时，装配时应同时加在内外圈上。

8. （　　）STR12-280 配备的光纤传感器探测距离只有 5 毫米。

9. （　　）过盈连接装配时，一般最小过盈应等于或稍大于连接所需的最小过盈。

10. （　　）安装 V 带时，V 带的内圈应牢固紧夹槽底。

三、多选题

1. 若轴承内外圈装配的松紧程度相同时，安装时作用力应加在轴承的（　　）。
   A. 内圈　　　　　　　B. 外圈　　　　　　　C. 内外圈
2. 若要测量机器人某部件移动距离，可选用（　　）。
   A. 电位器式位移传感器　　　　　　B. 差动变压器式位移传感器
   C. 电涡流式位移传感器　　　　　　D. 光栅式位移传感器
3. 根据检测方式不一样，光电式接近开关可分为（　　）种类。
   A. 漫反射式光电开关　　　　　　　B. 镜反射式光电开关
   C. 对射式光电开关　　　　　　　　D. 槽式和光纤式光电开关
4. 单片机即在一块集成芯片上集成了（　　）等主要计算机部件的微型计算机。
   A. CPU　　　　　　　　　　　　　B. 存储器
   C. 输入/输出（I/O）接口电路　　　D. 定时器/计数器
5. 工业机器人技术参数包含（　　）。
   A. 自由度　　　　B. 重复定位精度　　　C. 工作范围　　　D. 机器人总重

四、思考题

1. 试认全机器人 STR12-280 所有零件名称及工作原理。
2. 内六角扳手使用时，要注意哪些问题？
3. 机器人 STR12-280 绝大部分零件为铝件，有何特点？安装时要注意什么问题？
4. 如果铝件内螺纹被磨损，怎么处理？
5. 手爪部件安装时，要注意什么问题？
6. 升降部件安装时，要注意什么问题？
7. 横向和纵向部件采用什么方式传动？安装特点是什么？
8. 平叉部件采用什么方式传动？安装特点是什么？
9. 底盘部件共有多少个零部件？试排下车轮部件安装工艺表。
10. 试独立装配机器人 STR12-280，并记录时间、问题。

学习情境 3　机器人 STR12-280 的调试

3.1　情境描述

本项目主要介绍机器人 STR12-280 的调试，包括调试前的准备工作，机器人机械部件调试、软件部分调试和软硬联合调试等，以及调试过程中的注意事项。机器人 STR12-280 调试具体可分为电源调试、传感器调试、电机调试、同步带调试、定位调试和软件调试六个部分。

3.2　学习目标

3.2.1　知识目标

（1）了解机器人机械与电气设备调试安全操作规程及注意事项。
（2）熟悉机器人 STR12-280 每部分调试步骤，以及熟练使用各种调试工具。
（3）理解机器人 STR12-280 每个调试步骤的作用。
（4）学会观察调试过程中出现的各种现象，分析原因。
（5）掌握机器人 STR12-280 的调试方法。

3.2.2　技能目标

（1）能熟练使用调试常见工具，如内六角扳手、电压表、电焊台等。
（2）能按调试步骤熟练操作，并举一反三。
（3）能遵守安全操作规程，紧张有序地工作（或学习）。
（4）在分组分任务安装过程中，锻炼团队协作能力。
（5）会分析调试过程中出现的问题，能及时有效处理，即锻炼现场排故能力。

3.3 任务实施

学习任务 1 电 源 调 试

【任务描述】

本任务主要学习如何验证组装完成的机器人的电源供电是否正常,在熟练使用调试工量具的基础上,学会观察调试现象,分析问题原因,理解每个调试步骤的作用。

【任务实施】

1. 准备工作

电源调试前准备材料、调试工具见表 3-1。

表 3-1 电源调试前准备材料与工具表

序号	名称	数量	实物图
1	电池组	1 组（2 块）	
2	电压表	1	

2. 电路检测

机器人 STR12-280 由 2 块 12 V 铅酸蓄电池串联供电,电路检测可按不同电压 24 V、12 V 和 5 V,分别进行。

1）24 V 电路检测

机器人 STR12-280 由 2 块 12 V 蓄电池串联得到 24 V,分别给机器人全身 8 只电机和 1 个警示灯供电,电机调试后续任务将单独进行。24 V 电路检测时需用电压表,此时注意红黑表笔分别连接电源正负极,切勿接反,检测表如表 3-2 所示。电池电压在测量值范围内,可以接入给机器人供电,如果系统一切正常的话,按下 12 V 按钮,再按 24 V 按钮,则机器人 24 V 上电,电机处于待机状态,警示灯开始闪亮。

表 3-2　24 V 电路检测表

序号	测量点	测量值（电压）	备注
1	电池正负极	24 V±2	
2	任意端子排 H+ 和 H−	24 V±2	

2）12 V 电路检测

测完 24 V 电压后，接下来需要检测机器人 12 V 电路，主要供给 10 个传感器（S01～S10）和 3 块控制电路板。10 个传感器中 1 个为激光传感器，其余 9 个为红外接近传感器，每个接近传感器有 3 条连接线，分别是正极、负极和信号反馈，此处主要检测正负极供电是否正常，而有无信号（即传感器功能）则在传感器调试任务中单独进行，传感器 12 V 供电电压检测如表 3-3。

表 3-3　12 V 传感器供电电压检测表

序号	测量点	测量值（电压）	备注
1	18 路端子排 S01+ 和 S01−	12 V±1	红外传感器
2	18 路端子排 S02+ 和 S02−	12 V±1	红外传感器
3	18 路端子排 S03+ 和 S03−	12 V±1	红外传感器
4	20 路端子排 S04+ 和 S04−	12 V±1	红外传感器
5	26 路端子排 S05+ 和 S05−	12 V±1	红外传感器
6	主控制板 S06+ 和 S06−	12 V±1	红外传感器
7	主控制板 S07+ 和 S07−	12 V±1	红外传感器
8	主控制板 S08+ 和 S08−	12 V±1	红外传感器
9	主控制板 S09+ 和 S09−	12 V±1	红外传感器
10	主控制板 S10+ 和 S10−	12 V±1	激光传感器

3）5 V 电路检测

12 V 供电电压检测完成后，还需检测 5 V 电路。3 块控制电路板由 12 V 供电，但线路板上芯片工作电压只有 5 V，故 3 块电路板上都有电压转换芯片 7805。7805 芯片正常时，按下 12 V 按钮，可以观察到主板和传感器板上的电源指示灯亮起，如图 3-1 所示，说明 5 V 电源供应正常，反之则需更换 7805。

3. 调试注意事项

（1）使用电压表测电压时，红表笔接电源正极，黑表笔接电源负极，切勿接反。

（2）使用电压表测量时不要碰到检测点外的其他地方，避免意外短路。

（3）使用电压表测电压时注意电压表的量程。

（4）机器人电源电压需在检测范围才能正常打开 12 V 和 24 V 供电按钮，过低则机器人驱动不起来，过高则可能烧坏控制线路板。

（5）如发生意外要及时断电。

（6）严格执行安全操作规程。

图 3-1　5 V 电路检测

学习任务 2　传感器调试

【任务描述】

本任务主要学习如何验证组装完成的机器人的传感器是否正常工作，在熟练使用调试工量具基础上，学会观察调试现象，分析问题原因，理解每个调试步骤的作用。

1. 准备工作

传感器调试前调试工具准备见表 3-4。

表 3-4　传感器调试工具表

序号	名称	数量	实物图
1	一字起 （小号，2×40 mm）	1	
2	电压表	1	

2. 传感器调试

1）红外传感器调试

机器人 STR12-280 共有 9 个红外接近传感器（S01～S09），调试步骤如下：

（1）将传感器调试程序下载至机器人；

（2）将电机驱动板上的 DJ1 接口拔除，接入一只外接检测电机；

（3）确保没有正处于接触得电状态的传感器；

（4）将金属类工具（如一字起、呆扳手等）依次点触接近传感器，对照表 3-5 观察现象是否一致，一致则通过，否则更换接近传感器。

表 3-5 接近传感器调试表

序号	步骤名称	现象	备注
1	启动机器人（先按 12 V，再按 24 V，然后按启动按键）	外接电机正转	注意按键顺序
2	点触红外接近传感器 S01	外接电机反转	用小一字起触碰
3	点触红外接近传感器 S02	外接电机正转	
4	点触红外接近传感器 S03	外接电机反转	
5	点触红外接近传感器 S04	外接电机正转	
6	点触红外接近传感器 S05	外接电机反转	
7	点触红外接近传感器 S06	外接电机正转	
8	点触红外接近传感器 S07	外接电机反转	
9	点触红外接近传感器 S08	外接电机正转	
10	点触红外接近传感器 S09	外接电机反转	

2）循线传感器调试

机器人 STR12-280 除了 9 路红外接近传感器外，还有安装在底盘下的 8 路循线传感器。调试循线传感器步骤如下：

（1）将机器人放到调试场地上（绿底白条），机器人底部的 8 路传感器全部对准白条；

（2）打开 12 V 开关，此时应确保电池电压在 11.8 V 以上，否则应给电池充电；

（3）单人调试时，黑表笔接地，调试员一手将红表笔接调试电阻处预留的调试焊点，另一手用一字起调节可调电阻，测量方式如图 3-2 所示。若双人调试，则一人操作电压表并读数，另一人操作一字起调节可调电阻，电压表测量值见表 3-6。

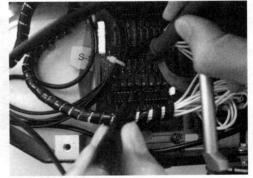

图 3-2 循线传感器调试示意图

表 3-6 循线传感器调试表

序号	测量点	测量值（电压）	备注
1	1 号电位器	8~9 V	电压表测量，一字起调节
2	2 号电位器	8~9 V	
3	3 号电位器	8~9 V	
4	4 号电位器	8~9 V	
5	5 号电位器	8~9 V	

续表

序号	测量点	测量值（电压）	备注
6	6号电位器	8～9 V	
7	7号电位器	8～9 V	
8	8号电位器	8～9 V	

电压调节结束后，此时观察到的现象应该是电路板上8个指示发光二极管全亮。移动机器人，使机器人底部的8路传感器全部对准地面背景（绿色），此时电路板上8指示发光二极管全暗，如此时测量测量点电压，电压为4～6 V间。

3）激光传感器调试

固定激光传感器光纤头，然后将机器人STR12-280紧靠长形工作台，缓慢推动机器人分别在其侧向被检测条（侧向白条）和出检测条两个位置上各按一次示教（TEACH）键，即可完成门槛值设定。可利用传感器上的超大微调按钮手动微调门槛值，解决场地光线偏差问题，传感器示意图如图3-3所示，激光传感器调试方式有多种，如需掌握其他调试方法可参考传感器说明书。

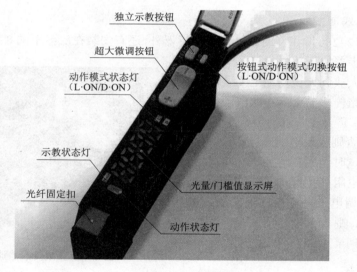

图3-3 激光传感器示意图

3. 调试注意事项

（1）调试时，注意电池电压是否在合理范围内。
（2）正确使用电压表，切勿超程。
（3）调试接近传感器时，注意有无干扰信号，调试开始时传感器应处于不得电状态。
（4）一字起调节可调电阻时，注意用力力度与旋转方向、速度。
（5）严格执行安全操作规程。

学习任务 3　电机调试

【任务描述】

本任务主要学习如何验证组装完成的机器人的电机是否正常工作，在熟练使用调试工量具基础上，学会观察调试现象，分析问题原因，理解每个调试步骤的作用。

【任务实施】

1. 功能电机调试

机器人 STR12–280 全身共有 8 只电机：3 只步进电机，5 只直流电机。5 只直流电机中 3 只用于完成手爪和平叉动作，2 只为行走电机。功能电机是指完成机器人手爪、平叉动作和实现手爪直角坐标动作的驱动电机，共 6 只电机，其中 3 只为直接电机，分别为完成手爪外张、内缩功能电机 DJ1，完成平叉外伸、复位功能电机 DJ2 和完成平叉上升、下降功能电机 DJ3，另外 3 只为步进电机，分别为实现手爪部件的上下、左右、前后运动的功能电机 BJ1、BJ2、BJ3。功能电机主要调试正反转与相应功能是否匹配，供电是否正常，有无反接等。

功能电机调试前工作：

（1）手爪处于收缩状态；

（2）平叉部件位于最低位，叉杆处于复位状态；

（3）手爪部件处于复位状态（手爪部件上下、左右、前后三个方向上均停在红外传感器处）；

（4）准备好要调试的功能电机调试程序。

功能电机具体调试步骤与现象见表 3–7。

表 3–7　功能电机调试表

序号	步骤	现象	实物图
1	输入手爪电机调试程序	观察手爪电机的转向：手爪先张开后收缩	
2	输入平叉平移电机调试程序	观察平叉平移电机的转向：平叉先伸出后收回	

序号	步骤	现象	实物图
3	输入平叉升降电机调试程序	观察平叉升降电机的转向：平叉先向上运动后向下运动	
4	输入升降步进电机调试程序	观察升降步进电机的转向：手爪部件先向下运动再向上运动	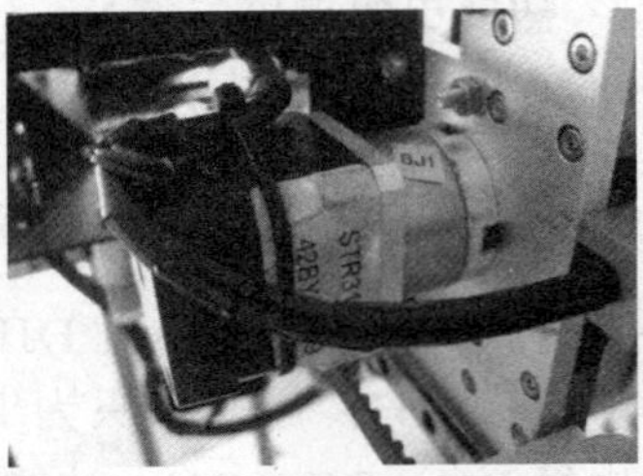
5	输入左右平移步进电机调试程序	观察左右平移步进电机的转向：手爪部件先向左平移再向右平移	
6	输入前后平移步进电机调试程序	观察前后平移步进电机的转向：手爪部件先向前平移再向后平移	

功能电机调试过程中当发现对应电机无动作时，应检查电机供电（24 V）；若发现实际动作与表 3-7 所列现象不符时，应检查接线处是否接反。

2. 行走电机调试

机器人有左右两只行走电机，控制机器人前进、后退、左转、右转，行走电机主要调试机器人底盘动作是否正确，供电是否正常，有无反接等。

行走电机调试前工作：

（1）将机器人放到调试场地上（该调试也是检验行走电机同步带张紧是否合适的过程），注意保证机器人有足够的活动空间；

（2）下载底盘行走电机调试程序；

（3）撤走程序下载线；

（4）依次按"12 V"、"24 V"、"启动"按键启动机器人。

机器人行走电机调试步骤与现象见表 3-8。

表 3-8 行走电机调试表

序号	步骤	现象	备注
1	输入行走电机调试程序	① 机器人先向前行走	
		② 机器人再后退	
		③ 机器人左转	
		④ 机器人右转	
		⑤ 机器人行走速度与程序设定是否相符	
		⑥ 机器人行走是否笔直	

行走电机调试过程中当发现电机无动作时，应检查电机供电（24 V）；若发现实际动作与表 3-8 所列现象不符时，应检查接线是否接反；若行走速度与设定值不符时应检查程序和电机驱动芯片；若机器人前进、后退不能保持直行时，调节左右车轮同步带张紧程度。

3. 步进驱动器简介

机器人 STR12-280 为直角坐标机器人，为提高精度手爪部件的上下、左右、前后三个坐标轴动作都由步进电机控制，使用的是 SH-215B 高性能细分驱动器，如图 3-4 所示，该驱动器适合驱动中小型的任何两相或四相混合式步进电机，由于采用新型的双极性恒流斩波技术，使电机运行精度高，振动小，噪声低，运行平稳。

图 3-4　SH-215B 步进驱动器

1）驱动器特点

（1）输入电压+20 V～+36 V，典型值为+24 V，斩波频率大于 35 kHz。

（2）输入信号与 TTL 兼容，可驱动两相或四相混合式步进电机。

（3）双极性恒流斩波方式，光电隔离信号输入，当脉冲信号停止延迟 1 秒后，电机电流自动减半，可减少发热。

（4）细分数可选：2、4、8、16、32、64，驱动电流可由开关设定，最大驱动电流 1.68 A/相。

2）引脚说明

（1）V_{CC}、GND 端为外接直流电流，直流电压范围为+20 V～+36 V，A+、A−端为电机 A 相；B+、B−端为电机 B 相。

（2）+5 V 端为信号共阳端，典型值为+5 V，高于+5 V 时用 PLC 或单片机控制时，如信号共阳为 12 V，串 1 K 电阻；如信号共阳为 24 V，串 2 K 电阻，再接到驱动器的+5 V 上。

（3）CP 端为脉冲信号，下降沿有效，下降沿脉冲时间大于 5μs，信号逻辑输入电流 10 mA～25 mA；DIR 端为方向控制信号，电平高低决定电机运行方向。

（4）ENA 端为驱动器使能，高电平或悬空电机可运行。低电平驱动器无电流输出，电机处于自由状态。

3）电气特性（Tj=25℃）使用环境及参数

（1）绝缘电阻：大于 500 MΩ。

（2）冷却方式：自然冷却或强制风冷。

（3）使用环境：尽量避免粉尘及腐蚀性气体。

（4）温度：0℃～+50℃；湿度：40%～89%RH。

4）细分数和电流选择

细分数由开关 M1、M2、M3 选择，电流值由开关 M5、M6、M7 选择，具体值见表 3–9。

表 3–9 细分数与电流选择组合表

电流选择				细分选择				
电流值	SW1	SW2	SW3	细分数	步数	SW4	SW5	SW6
0.31	OFF	ON	ON	1	200	ON	ON	ON
0.45	ON	OFF	ON	2	400	OFF	ON	ON
0.68	OFF	OFF	ON	4	800	ON	OFF	ON
0.91	ON	ON	OFF	8	1600	OFF	OFF	ON
1.12	OFF	ON	OFF	16	3200	ON	ON	OFF
1.38	ON	OFF	OFF	32	6400	OFF	ON	OFF
1.68	OFF	OFF	OFF	64	12800	ON	OFF	OFF

5）电源供给

电源电压在 DC15 V～DC45 V 之间都可以正常工作，驱动器可采用非稳压型直流电源供电，也可以采用变压器降压+桥式电流+电容滤波，电容可取大于 2200 μF。但注意应使整后电压纹波峰值不超过 45 V。建议用户使用 18～40 V 直流供电，避免电网波动超过驱动器电压工作范围。如果使用稳压型开关电源供电，应注意开关电源的输出电流范围需设成大于 4 A。电源供给注意事项如下：

（1）最好用稳压型电源。

（2）采用非稳压电源时，电源电流输出能力应大于驱动器设定电流的 60%；采用稳压电源时，应大于驱动器设定电流。

（3）为降低成本，两三个驱动器可共用一个电源，但应提高电源的额定功率和额定输出电流并需注意散热。

（4）静态电流的设定：当脉冲信号停止延迟1秒后，电机电流自动减半，减少发热。

6）电机接线

驱动器能驱动所有相电流为1.68 A以下的四线、六线或八线的两相/四相电机。图3–5详细列出了4线、6线、8线步进电机的接法。

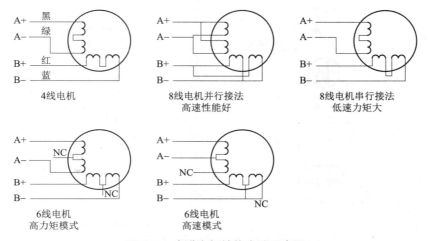

图3–5　步进电机接线方法示意图

7）驱动器与电机的匹配

本驱动器可驱动国内外各厂家的两相和四相电机，为了取得最满意的驱动效果，需要选取合理的供电电压和设定电流。供电电压的高低决定电机的高速性能，而电流设定值决定电机的输出力矩。

供电电压的选定：一般来说，供电电压越高，电机高速时力矩越大，越能避免高速时掉步。但另一方面，电压太高可能损坏驱动器，而且在高电压下工作时，低速运动振动较大。

输出电流的设定值：对于同一电机，电流设定值越大时，电流输出力矩越大，但电流大时电机和驱动器的发热也比较严重。所以一般情况是把电流设成供电机长期工作时出现温热但不过热时的数值。

（1）四线电机和六线电机高速度模式：输出电流设成等于或略小于电机额定电流值。

（2）六线电机高力矩模式：输出电流设成电机额定电流的70%。

（3）八线电机串连接法：输出电流设成电机额定电流的70%。

（4）八线电机并连接法：输出电流可设成电机额定电流的1.4倍。

电流设定后请运转电机15～30分钟，如电机升温太高，则应降低电流设定值。如降低电流值后，电机输出力矩不够则请改善散热条件，以保证电机驱动器均不烫手为宜。

8）驱动器接线

一个完整的步进电机控制系统应含有步进电机、步进驱动器、直流电源以及控制器（脉冲源），如图3–6所示。

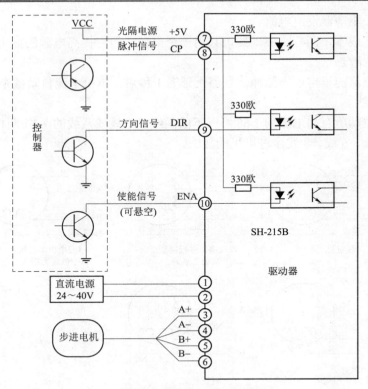

图 3-6 驱动器接线示意图

4. 调试注意事项

（1）调试前测量电池电压是否在正常范围内。
（2）机器人功能电机动作时，避免超程打坏电机。
（3）机器人动作时，注意活动空间。
（4）机器人行走电机调试时，注意用来调试的场地要有一定的水平度。
（5）发现故障时应及时断电。
（6）严格执行安全操作规程。

学习任务 4　同步带调试

【任务描述】

本任务主要学习如何验证组装完成的机器人的同步带张紧是否合适，在熟练使用调试工量具基础上，学会观察调试现象，分析问题原因，理解每个调试步骤的作用。

【任务实施】

1. 准备工作

同步带调试前调试工具准备见表 3-10。

表 3-10 同步带调试工具表

序号	名称	数量	实物图
1	内六角扳手	1	
2	5 号呆扳手	1	

2. 同步带调试

同步带调试主要是调试同步带的张紧。机器人 STR12-280 同步带调试可分成两类，分别横向平移部件和纵向平移部件中的同步带张紧调试和底盘部件中用以左右车轮行走的同步带张紧调试，其类型和所处部位见表 3-11。

表 3-11 同步带调试分类表

序号	分类	部位
1	横向平移同步带张紧调试	
2	纵向平移同步带张紧调试	
3	行走同步带张紧调试（左/右两侧）	

3. 调试过程与步骤

1)横向平移同步带张紧调试

(1)先测试同步带的张紧程度是否达到要求。

若横向平移同步带过松,则会影响机器人定位精度,甚至无法完成工件抓取;若横向平移同步带过紧,则机器人手爪部件左右平移动作不顺畅,电量消耗快,增加电池负担,同时也会造成机器人手爪部件定位精度下降,严重的还会影响皮带寿命。图 3-7 即为横向平移同步带过松现象,需要调节。

图 3-7 横向平移同步带过松

(2)横向平移同步带张紧。

拧松横向步进电机座紧定螺钉,张紧同步带后反向锁死两处紧定螺钉,两侧横向同步带调整螺钉用于同步带张紧程度的微调,详见图 3-8。

图 3-8 横向平移同步带张紧

(3)手指测试同步带张紧是否达到要求,如图 3-9 所示。

2)纵向平移同步带张紧调试

(1)先测试同步带的张紧程度是否达到要求。

若纵向平移同步带过松,则会影响机器人定位精度,甚至无法完成工件抓取;若纵向平移同步带过紧,则机器人手爪部件前后平移动作不顺畅,电量消耗快,增加电池负担,同时也会造成机器人手爪部件定位精度下降,严重的还会影响皮带寿命。图 3-10 即为纵向平移同步带过松现象，需要调节。

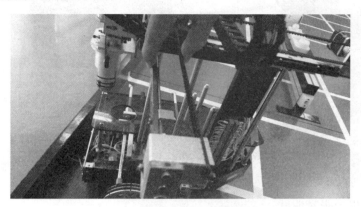

图 3-9 手指测试横向平移同步带张紧

图 3-10 纵向平移同步带过松

（2）纵向平移同步带张紧。

先固定纵向步进电机座，然后拧松纵向平移带轮座，张紧同步带后反向锁死紧定螺钉，如图 3-11 所示。

图 3-11 纵向平移同步带张紧

（3）手指测试同步带张紧是否达到要求，如图 3-12 所示。

图 3-12 手指测试纵向平移同步带张紧

3）行走同步带张紧调试

（1）测试行走同步带的张紧程度是否合适。

若行走同步带过松，则车轮传递转矩不到位，影响车轮回转速度，严重的还会造成车轮打滑；若行走同步带过紧，则车轮传递阻尼过大，同样影响车轮回转速度，严重的还会卡阻车轮，影响同步带寿命。图 3-13 为行走同步带过松现象。

图 3-13 行走同步带过松

（2）行走同步带张紧。

松开行走电机支座与底板紧定螺钉，调节行走同步带张紧程度，预紧，调节另一侧行走同步带，如图 3-14 所示。

图 3-14 行走同步带张紧

（3）手指测试同步带张紧是否合适。

分别测试左右两侧行走同步带，感觉张紧程度相似为宜，如图 3-15 所示，锁死左右两侧用于调节同步带的紧定螺钉。

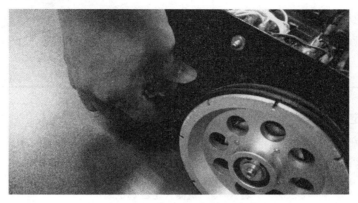

图 3-15　手指测试行走同步带

（4）下载机器人直线行走程序，测试左右行走同步带是否一致。

测试程序中设定了左右两侧行走电机同速同向，如机器人直行过程有向左或向右偏的现象，则再对左右行走同步带进行微调，直至机器人保持直行为止。

4. 调试注意事项

（1）调试同步带前，先不上电，分别用手横向、纵向推动机器人手爪部件在平移导轨上左右、前后平移，然后推动机器人前进、后退，确保无卡阻现象。

（2）同步带张紧后，用手测试有无弹性，切勿过紧。

（3）调节纵向平移同步带时两人配合操作，一人负责张紧，一人负责拧紧紧定螺钉。

（4）调节左右行走同步带时单人操作，以便左右同步带张紧程度对比。

（5）为增大接触面积，水平同步带和行走同步带调节用的紧定螺钉处需用垫片。

（6）微调左右行走同步带来保持机器人直行时，切勿同时松开左右两侧紧定螺钉，应该单侧调节。

（7）严格执行安全操作规程。

学习任务 5　机器人定位调试

【任务描述】

本任务主要学习如何验证组装完成的机器人定位是否合适，包括升降感应片位置和工件定位两部分。在熟练使用调试工量具基础上，学会观察调试现象，分析问题原因，理解每个调试步骤的作用。

【任务实施】

1. 准备工作

机器人定位调试前调试工具准备见表 3-12。

表 3-12　机器人定位调试工具表

序号	名称	数量	实物图
1	内六角扳手	1 套	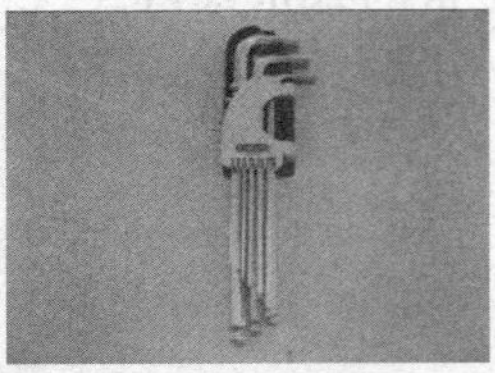

2. 机器人定位调试内容

机器人定位调试，主要包括横向平移感应片位置调试、手爪张松传感器调整、平叉左右和上下传感器调整四部分，调试内容和部件见表 3-13。

表 3-13　机器人定位调试表

序号	内容	部位
1	横向平移感应片位置调试	
2	手爪张松传感器调整	
3	平叉左右传感器调整	
4	平叉上下传感器调整	

3. 调试过程与步骤

1) 横向平移感应片位置调试

将横向平移感应片移动至传感器 S06 上，上 12 V 电，查看传感器 S06 是否感应到横向平移感应片，如果没有则调整横向平移感应片直至 S06 感应到。

2) 手爪张松传感器调整

（1）在工件存放台上放置一个梅花形工件，下载工件定位调试程序。启动机器人 STR12-280，先让机器人抓取工件存放台上工件，观察手爪张开时间，若张开时间过短，则有可能抓不到工件，若时间过长，则会损坏弹性联轴器，严重时可能会导致电机堵转。

（2）拧松 S01、S02 的固定螺钉调整两传感器之间的间距后拧紧，启动机器人使其抓取工件直至抓取工件时间适宜。

3) 平叉左右传感器调整

（1）在工作台处放一托盘，下载工件定位调试程序。启动机器人 STR12-280，先让机器人取托盘，观察平叉伸出距离，若伸出过长会影响放托盘的精度，若伸出过短则会拿不到托盘。

（2）调节传感器 S07 处感应片，启动机器人取托盘直至伸出距离合适。

4) 平叉上下传感器调整

（1）在工作台处放一托盘，下载工件定位调试程序。启动机器人 STR12-280，先让机器人取托盘，观察平叉升降高度，若过低会影响取托盘的精度，若过高叉杆将会顶到托盘侧边。

（2）拧松 S08、S09 的固定螺钉调整两传感器之间的间距后拧紧，启动机器人使其平叉升降高度适宜。

4. 调试注意事项

（1）感应片调试时，只上 12 V 电，不上 24 V，通过后验证才接通 24 V 电，以防意外。

（2）感应片调试时，调节感应片倾斜度应该一点点试，切勿一下角度过大。

（3）工件定位调试时，应遵循调试步骤，不得随意更改。

（4）发现意外时要及时断电。

（5）严格执行安全操作规程。

学习任务 6 软 件 调 试

【任务描述】

本任务主要学习机器人安装调试基本完成后，如何检测机器人的功能函数是否正确，机器人能否实现预定功能。在熟练使用调试工量具基础上，学会观察调试现象，分析问题原因，理解每个调试步骤的作用。

【任务实施】

1. 准备工作

机器人 STR12-280 功能主要分上肢动作与底盘动作，上肢动作主要实现手爪的开合、手爪的前后平移、左右平移、上升下降,以及平台移动叉的左右平移、上升下降六个功能。底盘动作在前进、后退、左转、右转基础上,能在场地上循线前进。软件调试就是围绕机器人功能来的,其调试函数和相应功能见表3-14。

表 3-14 调试函数与功能表

序号	调试函数	对应功能
1	DJ1_ZS()	控制机器人手爪张开或收缩
2	motor_qh_bs()	控制机器人手爪前平移或后平移
3	motor_qh_yd()	控制机器人手爪前后回原点
4	motor_zy_bs()	控制机器人手爪左平移或右平移
5	motor_zy_yd()	控制机器人手爪左右回原点
6	motor_sj_bs()	控制机器人手爪上升或下降
7	motor_sj_yd()	控制机器人手爪升降回原点
8	DJ2_XPY()	控制机器人平台移动平叉的左平移或右平移
9	DJ3_XSX()	控制机器人平台移动叉的上升或下降
10	FOLL_LINE()	控制机器人循线前进
11	TURN_90()	控制机器人左转或右转
12	stop()	停止机器人任意一只直流电机

2. 功能函数调试

1)DJ1_ZS()函数调试

下载机器人手爪开合控制程序,观察函数功能与现象是否一致:DJ1_ZS(zk)语句控制机器人手爪张开;DJ1_ZS(ss)语句控制机器人手爪收缩,如图3-16所示。

图 3-16 手爪张开与收缩状态图

2)motor_qh_bs()与motor_qh_yd()函数调试

下载机器人手爪前后平移控制程序,观察函数功能与现象是否一致:motor_qh_bs(1,N)和motor_qh_yd()表示手爪前平移N步再回到原点;motor_qh_bs(0,N)和motor_qh_yd()表示

手爪后平移 N 步再回到原点。图 3-17 所示为手爪前平移与后平移状态图。

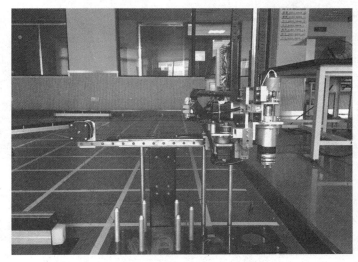

图 3-17　手爪前平移与后平移状态图

3）motor_zy_bs() 与 motor_zy_yd() 函数调试

下载机器人手爪前后平移控制程序，观察函数功能与现象是否一致：motor_zy_bs（1,N）和 motor_zy_yd() 表示手爪左平移 N 步再回到原点；motor_zy_bs（0,N）和 motor_zy_yd() 表示手爪右平移 N 步再回到原点。图 3-18 所示为手爪左平移与右平移状态图。

图 3-18　手爪左平移与右平移状态图

4）motor_sj_bs() 与 motor_sj_yd() 函数调试

下载机器人手爪前后平移控制程序，观察函数功能与现象是否一致：motor_sj_bs(1,N) 和 motor_sj_yd() 语句表示手爪下降 N 步再回到原点；motor_sj_bs(0,N) 和 motor_sj_yd() 表示手爪上升 N 步再回到原点。图 3-19 所示为手爪下降与上升状态图。

5）DJ2_XPY() 函数调试

下载机器人平台移动叉左右平移控制程序，观察函数功能与现象是否一致：DJ2_XPY（zpy）语句控制机器人平台移动叉左平移（最左端，即传感器 S07 处）；DJ2_XPY（ypy）语句控制机器人平台移动叉右平移（最右端，即传感器 S06 处）。图 3-20 分别为平台移动叉最左端位置和最右端位置示意图。

图 3-19　手爪下降与上升状态图

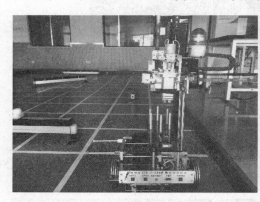 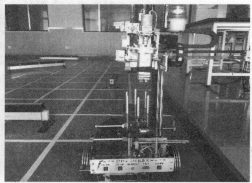

图 3-20　平台移动叉最左端位置与最右端位置

6）DJ3_XSX()函数调试

下载机器人移动叉升降控制程序，观察函数功能与现象是否一致：DJ3_XSX（xs）语句控制机器人平台移动叉上升（到传感器 S08 处）；DJ3_XSX（xx）语句控制机器人平台移动叉下降（到传感器 S09 处），如图 3-21 所示。

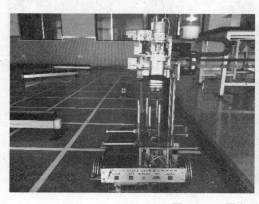 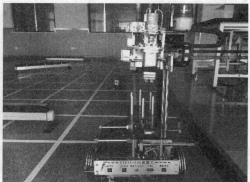

图 3-21　平台移动叉上升与下降

7）FOLL_LINE()与 stop()函数调试

下载机器人循线控制程序，观察函数功能与现象是否一致。如 FOLL_LINE（30,30,30,1）和 stop（rl）语句表示机器人以 30 速度（具体指全速的 30%，以下相同不再一一说明）循着场地白线前进至第 1 个白条十字交叉处,同时停止左右行走电机),如图 3-22 所示。

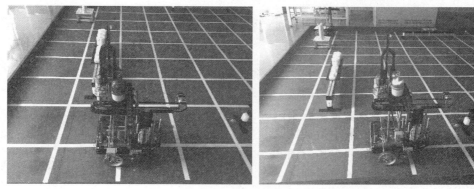

图 3-22 机器人前进 1 个十字交叉图

8) TURN_90() 与 stop() 函数调试

下载机器人转弯控制程序,观察函数功能与现象是否一致。如 TURN_90(r, 30, 30, 1800, 900, 2) 和 stop(rl) 语句表示机器人以 30 速度右转,转弯后同时停止左右行走电机。将 TURN_90() 连写两次,则机器人将回转 180°,即掉转车头,如图 3-23 所示。

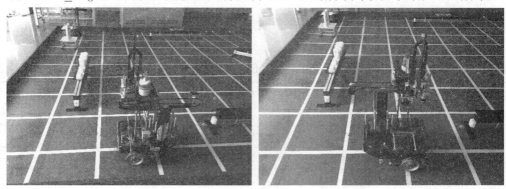

图 3-23 机器人掉头(回转 180°)示意图

3. 功能验证

功能函数调试完成后,表明机器人已经具备相应功能,但这些功能是单独的(或者是单电机工作),而实际任务往往需要功能的组合,所以在机器人正式投入使用(或比赛)前,还需要完成整体功能验证,进一步确保机器人状态正常。以下是机器人在上场做综合任务前系统初始化的一系列动作。

功能展示:

(1)机械手先张开,停顿 1 秒,后收缩复位。

(2)平台移动叉右平移,停顿 1 秒,再下降,停顿 1 秒。

(3)机械手下降 1500 步,停顿 1 秒,回原点。

(4)机械手左平移 10000 步,停顿 1 秒,回原点。

(5)机械手前平移 10000 步,停顿 1 秒,回原点。

(6)机器人从起点出发,循线 2 根,左转,循线 1 根停在工件存放台前。

3.4 任务总结

通过本章节任务的学习,学生可以熟练掌握以下内容:
(1)机器人 STR12-280 的电源调试。
(2)机器人 STR12-280 的传感器调试。
(3)机器人 STR12-280 的电机调试。
(4)机器人 STR12-280 的同步带调试。
(5)机器人 STR12-280 的定位调试。
(6)机器人 STR12-280 的软件调试。
(7)机器人调试技能,包括调试工具使用,按调试步骤操作,分析调试现象,简单排除故障,最后保证机器人能实现所有功能,安全工作。

3.5 任务评价

任务评价见表 3-15。

表 3-15 任务评价表

情境名称		学习情境 3 机器人 STR12-280 的调试		
评价方式	评价模块	评价内容	分值	得分
自评 40%	学习能力	逐一对照情境学习知识目标,根据实际掌握情况打分	5	
	动手能力	逐一对照情境技能学习目标,根据实际掌握情况打分	5	
	协作能力	在分组任务学习过程中,自己的团队协作能力	5	
	完成情况	学习任务 1 完成程度	4	
		学习任务 2 完成程度	4	
		学习任务 3 完成程度	4	
		学习任务 4 完成程度	4	
		学习任务 5 完成程度	4	
		学习任务 6 完成程度	5	
组评 30%	组内贡献	组内测评个人在小组任务学习过程中的贡献值	10	
	团队协作	组内测评个人在小组任务学习过程中的协作程度	10	
	技能掌握	对照情境技能目标,组内测评个人掌握程度	10	
师评 30%	学习态度	个人在情境学习过程中,参与的积极性	10	
	知识构建	个人在情境学习过程中,知识、技能掌握情况	10	
	创新能力	个人在情境学习过程中,表现出的创新思维、动作、语言等	10	
学生姓名		小组编号	总分	100

3.6 情境拓展

在"机器人技术应用"项目技能大赛比赛中，完成机器人 STR12-280 安装后，需要快速、有序地对机器人各部位进行调试，确保机器人功能完善，以便完成后续综合任务。如果按平常调试顺序，即电源调试、传感器调试、电机调试、同步带调试、定位调试、和软件调试六个模块一个个调试的话，时间较长，会影响机器人整个装配完成时间分，那在比赛中，如何才能快速完成调试，确保机器人功能呢？

我们可以运用反证法，在平时大量经验积累基础上，很多机械部件在安装时就已经"一步到位"，调试时只需验证而不再需要调整，如同步带、工件定位等，而电气部件如电源、传感器、电机，包括软件调试时同样只需验证。所以，我们在比赛中，往往将调试步骤反向：

（1）功能验证。功能验证实际上是机器人所有功能组合在一起整体实现，只要前面六个模块中任何一个模块不到位，就不能通过。如手爪在张开过程中到位停止传感器无信号则需要单独调试，可能需要更换。

（2）问题模块单独调试。如果功能验证未一次通过，说明机器人某个模块需要单独调试，有损害零部件则需要现场更换。在功能验证时，仔细观察机器人动作，根据问题现象确定需要单独调试模块。一般来说，电源模块、接近传感器模块、电机模块及定位模块单独调试概率比其他模块要高。模块单独调试过程，比赛中实际上为现场故障排除过程，需要平时的积累，或请专家指导。

（3）再次功能验证。问题模块单独调试通过后再次进行功能验证，如果还有问题则继续调试问题模块，如此反复直到机器人通过功能验证。

（4）循线传感器调试。由于机器人底部 8 路循线传感器需要现场实时调节，所以在完成机器人功能验证后，需单独对循线传感器调试。并且，如机器人现场作业时间过长，或环境（尤其是照明）发生较大变化时，需重新调试循线传感器。

特别说明，使用反证法调试机器人 STR12-280 时，需要对机器人非常熟悉，并有大量的现场排除故障经验或有机器人方面专家现场指导，否则极易损坏机器人设备，造成人员、或财产的损失，一定要慎重选用。

3.7 巩固练习

一、单选题

1. STR12-280 型机器人的电源低电指示灯由（   ）为低电报警，此时需要连接外置充电器充电或更换电池组。
  A. 由红变绿 B. 由绿变红 C. 由绿变黄 D. 由黄变绿

2. STR12-280 机器人电源开关的正确顺序为（   ）。

A. 开关电源时，都是先 12 V，再 24 V
B. 开关电源时，都是先 24 V，再 12 V
C. 电源打开时，先开 12 V，再开 24 V，关闭时，先关 24 V，再关 12 V
D. 电源打开时，先开 24 V，再开 12 V，关闭时，先关 12 V，再关 24 V

3. STR12–280 型机器人手爪夹紧和放松是靠双曲线凸轮机构实现的，在放松和夹紧到位处有接近开关检测，能检测（   ）距离内的金属。
  A. 1 mm   B. 2 mm   C. 3 mm   D. 5 mm

4. STR12–280 型机器人平叉机构共有 4 个接近开关，机器人的平叉机构可以准确地停靠在这 4 个接近开关处。这 4 个接近开关同样都是可以检测（   ）距离内金属。
  A. 3 mm   B. 4 mm   C. 5 mm   D. 1 mm

5. STR12–280 使用（   ）类型的电池。
  A. 铅酸电池   B. 锂电池   C. 镍氢电池   D. 镍铬电池

6. 7805 的输出电压是（   ）。
  A. 5 V   B. 12 V   C. 24 V   D. 3 V

7. STR12–280 机器人的传感器信号处理板断开循线传感器的前提下通电，会发现（   ）。
  A. 电路板上只有一个 LED 亮   B. 电路板上所有 LED 都亮
  C. 电路板上所有 LED 都不亮   D. 电路板上 4 个 LED 亮

8. STR12–280 机器人传感器信号处理板通电后，发现 LED 均不亮，可能的故障原因是（   ）。
  A. 78H05 损坏   B. 有一个 LED 损坏
  C. 循线传感器断开   D. 电位器需要重新调节

9. 向机器人下载程序失败，可能的原因是（   ）。
  A. 单片机损坏或接触不良
  B. RS232 或接触不良
  C. 按钮面板与主控制板之间的连接排线存在断线
  D. 以上都有可能

10. L298 的 9 号脚为逻辑供应电压，最低不能小于（   ）。
  A. 3.3 V   B. 4.5 V   C. 5 V   D. 12 V

二、判断题

1.（   ）STC12C5A60S2 系列单片机可以没有复位电路。

2.（   ）单片机的复位有上电自动复位和按钮手动复位两种，当单片机运行出错或进入死循环时，可按复位键重新启动。

3.（   ）提高步进电机驱动器的细分数，可以提高步进电机的运行精度和平稳性。

4.（   ）机器人在运行中循线效果不理想，应该首先检查电池电压是否正常。

5.（   ）STR12–280 机器人使用的是交流电源。

6.（   ）使用电解电容时，需要注意电源的正负极。

7.（   ）STR12–280 使用的接近传感器电源电压是 12 V。

8. （　　）当机器人装配完毕，通电前，必须先仔细检查线路板电源端的正负极是否准确。

9. （　　）机器人在装配完成通电前，一定要先检查各电路板的正负极是否准确。

10. （　　）调节 STR12-280 机器人传感器信号处理板上的电位器，必须在通电状态下进行才有效。

三、多选题

1. 8051 单片机控制信号引脚有（　　）。
   A. RST/VPD（9 脚）　　　　　　　B. ALE（30 脚）
   C. XTAL1（19 脚）　　　　　　　D. EA/VPP（31 脚）
2. 对 8051 的 P0 口来说，使用时可作为（　　）。
   A. 低 8 位地址线　　　　　　　　B. 高 8 位地址线
   C. 数据线　　　　　　　　　　　D. I/O 口操作
3. 8051CPU 在访问外部存储器时，地址输出是（　　）。
   A. P2 口输出高 8 位地址　　　　　B. P1 口输出高 8 位地址
   C. P0 口输出低 8 位地址　　　　　D. P1 口输出低 8 位地址
4. 在程序状态寄存器 PSW 中，选择寄存器工作组的标志位是（　　）。
   A. CY　　　　B. AC　　　　C. RS1　　　　D. RS0
5. 关于 MCS-51 单片机的 I/O 端口描述正确的是（　　）。
   A. MCS-51 单片机内部有 4 个 8 位的并行端口：P0、P1、P2、P3，共 32 根 I/O 线（引脚）
   B. 其每个端口主要由四部分构成：端口锁存器、输入缓冲器、输出驱动器和引至芯片外的端口引脚
   C. 4 个 I/O 端口都是双向通道，每一条 I/O 线都能独立地用作输入或输出
   D. 它们在作为输出时数据可以锁存，作为输入时数据可以缓冲

四、思考题

1. 机器人 STR12-280 调试可分为哪些模块？目的为何？
2. 机器人 STR12-280 调试工具有哪些？如何使用？
3. 如何用电压表调节机器人循线传感器，使机器人识别白条？
4. 机器人 STR12-280 共有几只电机？属于什么类型？正反转各自实现什么功能？
5. 机器人上肢左右零点如何调整？
6. 机器人功能软件有几个，分别控制什么动作？
7. 机器人 STR12-280 需要调试电源按电压值不同，分哪几类？分别给哪些部位供电？
8. 同步带调试如要注意什么问题，过松，过紧会造成什么影响？
9. 机器人定位调试目的为何，如何调试？
10. 试独立调试机器人 STR12-280，并记录调试时间和调试出现问题。

学习情境 4　机器人 STR12-280 的控制

4.1　情　境　描　述

本章节主要介绍机器人 STR12-280 的控制，包括控制平台介绍、上肢动作控制、底盘动作控制以及在此基础上机器人完成物料自动堆垛与载运的完整任务。

4.2　学　习　目　标

4.2.1　知识目标

（1）了解机器人 STR12-280 控制核心，微处理器 STC12C5A60S2 性能与常见控制方法。
（2）熟悉机器人控制平台 Keil C。
（3）理解机器人 STR12-280 的控制原理及控制关键，即全身 8 只电机。
（4）掌握机器人 STR12-280 的控制方法，并举一反三，按任务完成物料自动堆垛与载运。

4.2.2　技能目标

（1）熟练掌握基于 C 语言的软件控制平台 Keil C，能在该平台下编写用户程序。
（2）通过案例学习，能控制机器人完成不同的工作任务。
（3）能在机器人工作现场，安全有序的工作（学习），出现问题及时处理。
（4）能在自己工作组内独立完成任务，并锻炼团队协作能力。

4.3　任　务　实　施

学习任务 1　控制平台介绍

【任务描述】

本任务主要学习机器人软件控制平台的使用与操作，在正确安装控制软件基础上，会用平台编写控制程序，并最终实现机器动作。

【任务实施】

1. 机器人控制平台

1）Keil C 简介

Keil C51 是 KEIL 公司推出的针对 51 系列单片机的 C 语言软件开发系统，对于多数单片机的应用开发，Keil C51 是一款非常优秀的软件。Keil C51 软件提供功能强大的集成开发调试工具和丰富的库函数，生成的目标代码效率很高，多数语句的汇编代码很紧凑，且容易理解，在开发大型软件时更能体现高级语言的优势。

Keil μVision3 是 Keil C51 for Windows 的集成开发环境，可以采用编译 C 源代码、汇编源程序、连接和重定位目标文件和库文件、创建 HEX 文件、调试目标程序等。它集编辑、编译、仿真于一体，并且支持汇编语言。

2）Keil C 软件安装

Keil C 软件平台安装步骤如下：

（1）打开 Keil μVision3 的安装向导，如图 4–1 所示。

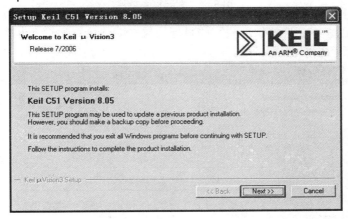

图 4–1　Keil μVision3 安装向导

（2）单击"Next＞＞"按钮，出现如图 4–2 所示的安装许可画面。

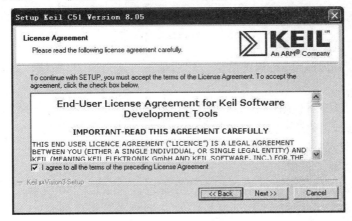

图 4–2　安装许可

(3)勾选我同意以上条款（即 I agree to all the terms of the preceding License Agreement），然后单击"Next>>"按钮，出现安装位置画面，如图 4-3 所示。

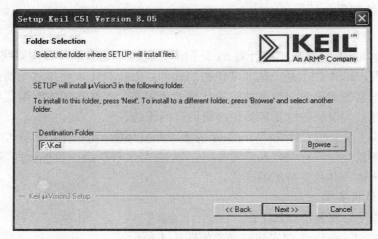

图 4-3　安装位置选择

(4)根据自己喜好，选择软件安装的目标位置（默认位置为 C 盘根目录下 Keil 位置，即 C:\Keil），然后继续单击"Next>>"按钮，出现客户信息输入界面，如图 4-4 所示。

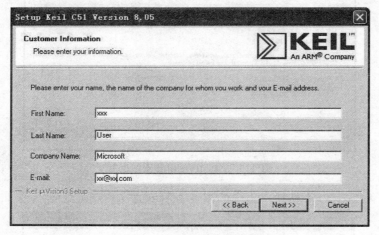

图 4-4　客户信息输入界面

(5)根据自己喜好，填写相关信息，然后单击"Next>>"按钮，进入实际安装过程，如图 4-5 所示。

(6)待蓝色方块全部填满后，自动跳出安装完成界面，如图 4-6 所示。

(7)安装完成，按实际需要勾选是否阅读发行说明，是否增加一个工程样例，这里可以把钩去掉，以节省时间。

3）添加 STC 单片机库

Keil C 内的单片机库以国外型号居多，并不包含 STR12-280 机器人的 STC 微处理器，所以有必要增加 STC 单片机库。找到已经增加了 STC 单片机库的 UV3 文件，后缀名为 cdb，如图 4-7 所示，该文件可至 STC 官网免费下载。然后将此文件替换安装到 Keil 文件夹内。

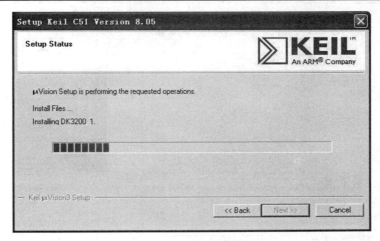

图 4-5 安装进行中

图 4-6 安装完成界面

图 4-7 STC 单片机库文件

4）Keil C 参数设置

在编写程序之前，我们要对软件平台进行一些简单的设置，具体设置步骤如下：

（1）运行 Keil μVision3，新建一个工程，如图 4-8 所示。

（2）创建工程的保存路径，如图 4-9 所示。

（3）选择机器人处理器型号，如图 4-10 所示，STR12-280 机器人使用的微处理器型号为：STC12C5A60S2。

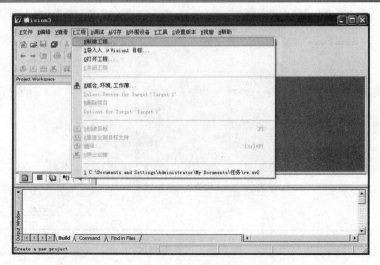

图 4-8　新建工程

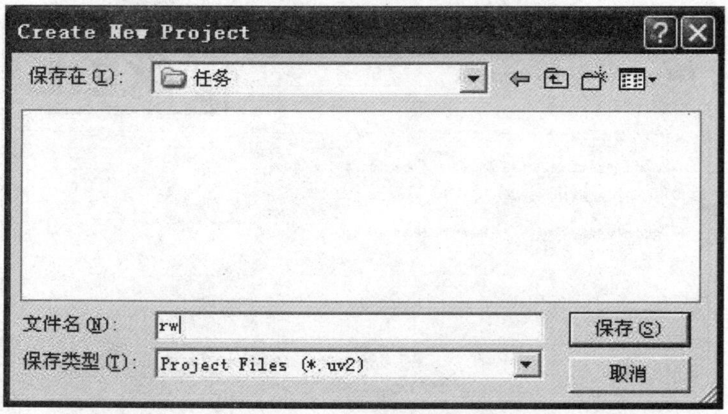

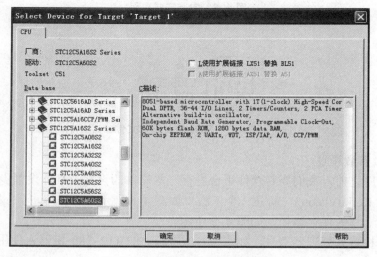

图 4-9　创建工程保存路径

图 4-10　选择机器人处理器型号

（4）确定机器人处理器型号后，会弹出如图 4–11 所示对话框，平台询问是否增加 8051 标准头文件，这里选择"否"。

图 4–11　对话框选项

（5）接下来要对工程进行一些参数配置，用鼠标右键单击工程界面框里面的"Target 1"选择 Options for Target ' Target 1 '，如图 4–12 所示。

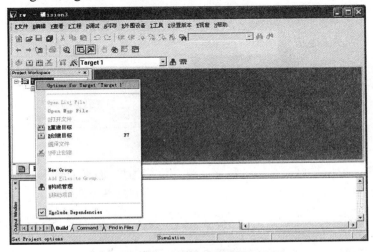

图 4–12　工程参数配置界面

（6）在弹出的对话框中点中"目标"选项卡，出现 4–13 所示参数配置界面，将晶振改为 12 MHz，这要和机器人控制系统中用的具体晶振相匹配。

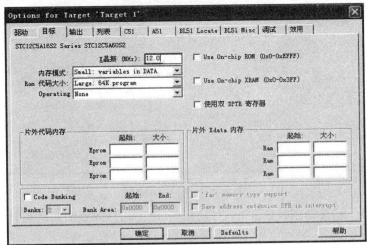

图 4–13　晶振设置界面

（7）单击"输出"选项卡，出现如图 4-14 所示界面，将"创建 HEX 文件"选项打上钩。HEX 文件是要从软件控制平台下载到机器人微处理器去的文件，也就是说机器人最后只认 HEX 文件。

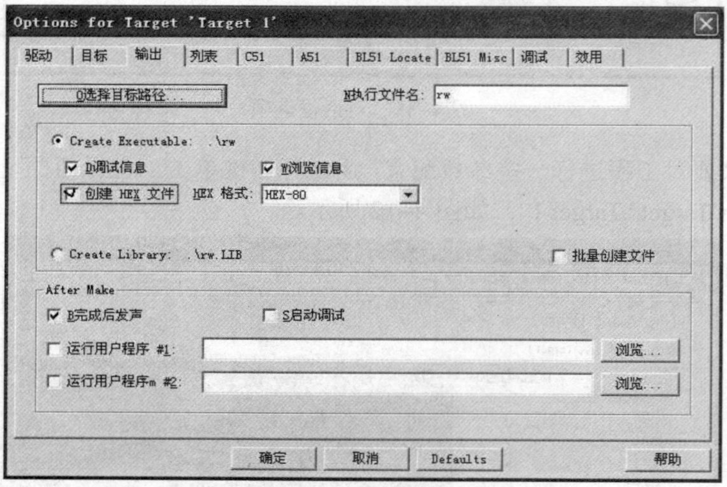

图 4-14 输出选项界面

（8）接下来，把用户自己编写的程序文件（后缀为*.c 的 C 程序）装载到软件中，建议开始就把程序文件放入工程文件夹里。具体操作是，右击 Source Group 1，在弹出的快捷菜单中选择子菜单"Add Files to Group 'Source Group 1'"，如图 4-15 所示。

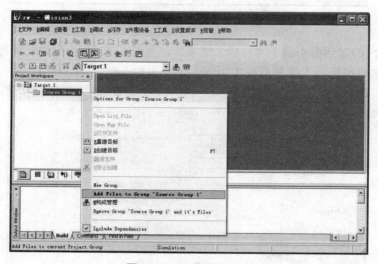

图 4-15 加载用户程序

（9）如用户第一次使用机器人 STR12-280，可以加载产品附赠的初始程序，程序名为"STR12-280-TEST.C"，然后再点击 Add 按钮就可以了，如图 4-16 所示。

（10）这样，我们的工程就建好了，并且加载了用户程序，如图 4-17 所示。

学习情境 4　机器人 STR12–280 的控制

图 4–16　加载机器人附赠程序

图 4–17　工程完成界面

2. 用户程序编写

下面以控制机器人手爪复位，即手爪部件左右、前后、上下移动并回原点三个简单动作为例，介绍如何运用机器人控制平台编写用户程序。

首先，在工程图界面（图 4–17）双击工程工作空间内文件"STR12–280–TEST.C"，此时可以在右侧编辑窗内看到文本，这里就是我们编写程序代码的地方。先把原程序主函数内的内容清空至图 4–17 所示情况，然后再输入我们需要的机器人手爪控制程序，程序清单如图 4–18 所示。

程序中"//"双斜杠后面的文字为注释，注释符除了"//"外，也可以用"/*—XX—*/"，所有注释在编译成 HEX 时均不会占用实际位置。程序编好后需要连接、编译，通过后才能生成 HEX 文件，操作为点击 ⊗ ⊞ ⊞ 这三个按钮中的第二个或者第三个，用得最多的是第三个，它是链接所相关文件进行编辑，当然我们在进行此操作之前要先把写好的程序保存。用户在编写程序的时候难免会出错或者粗心大意，这时我们就要学会看懂错误提示或错误警告，排错需要经验积累。试把上面程序中 S_T( )后面的分号"；"去掉，单击编译按钮，提示框内将出现如图 4–19 所示的错误提示。

```
/*================================================
【函数原形】:void main()
【参数说明】:
【函数功能】:主函数
【编写日期】:2012年3月27日
=================================================*/
void main()
{
    S_T();

    timer0_initial5();
    EA=1;
    system_initial();
    start_=1;
    while(start_==1);              //等待按键

    while(1);
//功能测试程序段结束=====================
```

图 4-18 程序清单

```
Build target 'Target 1'
compiling STR12-280-TEST.c...
STR12-280-TEST.C(1554): error C141: syntax error near 'timer0_initial5'
Target not created
```

图 4-19 错误提示

提示的意思是在 time0_initial5 语句旁有错误，这个原因是漏了分号"；"。程序错误形形色色，例如，标点不对、无定义项、括号的滥用等。提示除了错误外，还有警告，如主程序为用到某段子程序，会警告用户有多余程序段。图 4-20 是编译成功后的控制平台界面，界面底部提示框内有自动生成"rw"命名的 HEX 文件提示。此时只要将此 HEX 文件下载至机器人控制系统，机器人将依据用户编写程序要求完成相应动作。

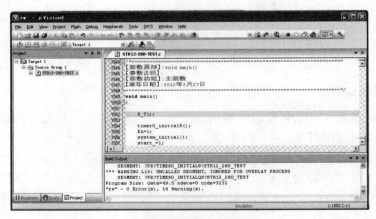

图 4-20 编译成功界面

3. 机器人程序下载

1）下载线驱动安装

如需将 HEX 文件下载至机器人控制系统，则需要一根 USB 转 RS232 驱动线，而首次使用驱动线需要安装驱动，具体步骤如下：

（1）先将 USB 转 RS232 下载线插入电脑的 USB 接口中。
（2）将下载线的驱动光盘放入光驱中。

（3）选择 ，弹出如图 4-21 所示页面。

图 4-21　驱动选择提示框

（4）用户根据计算机系统和手头驱动线类型合理选择。
（5）安装驱动，如图 4-22 所示。

图 4-22　驱动安装提示框

（6）验证。打开设备管理器，查看是否有端口显示，如图 4-23 所示，端口号根据计算机状态可能会不同。

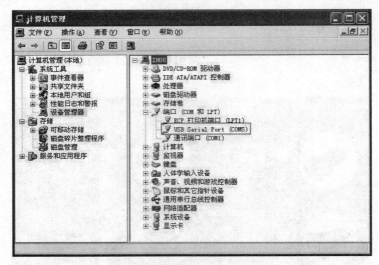

图 4-23　端口查看

2）程序下载软件介绍

这样大部分工作就基本上做完了，最后我们要将我们写的程序代码（HEX 文件）下载到机器人的微处理器中。除了下载线还需要 STC 微处理器专用的程序下载软件"STC-ISP"，此软件可于 STC 官网免费下载。

下面我们以 V6.24 版本为例，简要介绍其使用方法。下载用户程序前先用 USB 转 RS232 连接线将用户计算机与机器人 STR12-280 连接起来，做好下载前的准备，如图 4-24 所示。

图 4-24　机器人下载线连接示意图

然后双击打开软件，出现如图 4-25 所示界面。在界面中依次设置参数：

（1）单片机型号：STC12C5A60S2。

（2）串口号：USB Serial Port（COM？），具体数值"？"与实时串口号对应，用户可在图 4-23 所示处查找或查看。

（3）其他选项可根据用户需求自行修改，或采用默认值。

（4）打开程序文件：出现如图 4-26 所示界面，选择用户需下载的 HEX 文件，例中文件名为"rw.hex"，点击"打开"按钮，回到图 4-25 所示主界面。

（5）下载：界面右上角出现已经编译过的用户程序，单击"下载/编程"按钮，下载用户程序。

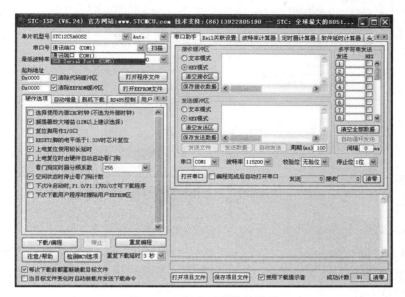

图 4-25　程序下载软件界面

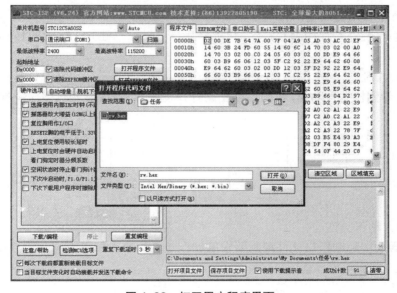

图 4-26　打开用户程序界面

（6）机器人下载操作：软件界面上按下"下载/编程"按钮后，再按下机器人控制面板上的 12 V 按钮（给微处理器上电），此时软件界面出现下载进度条，如图 4-27 所示，当进度条满格时，下载完毕。

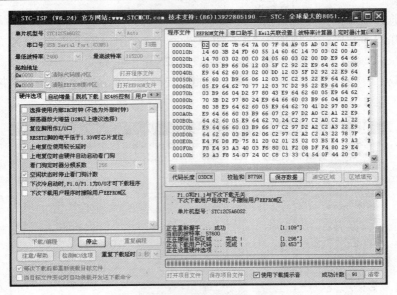

图 4-27 下载用户程序界面

4. 机器人动作

1）机器人复位

要确保机器人手爪部件在左右、前后、上下三个坐标轴上处于传感器处，我们可以选择以下两种复位方式。

（1）手工复位：手动将机器人手爪部件在左右、前后、上下三个方向移至各自复位传感器处，注意不要用力过猛，否则会导致电机反向电动势过大损坏电路。

（2）自动复位：在程序中编写程序，让机器人自己复位，如图 4-20 中的"system_initial()"语句。

2）机器人操作

此时，要看到机器人动作，我们必须正确打开按钮开关，机器人按键操作顺序如图 4-28 所示。

图 4-28 按键组合顺序示意图

3）机器人动作验证

查看机器人实际动作与软件控制要求的动作是否一致，如果不同，检查程序或机器人自身电路。

学习任务 2　上 肢 动 作

【任务描述】

本任务主要学习如何控制机器人 STR12-280 的上肢部分，实现其功能，上肢动作主要包括手爪张开与收缩，手爪前后平移及回原点，手爪左右平移及回原点，手爪上升下降及回原点，以及平叉部件的左右和上下动作。

【任务实施】

上肢动作有 7 个：手爪张开与收缩，手爪前平移与后平移，手爪前后回原点，手爪左平移与右平移，手爪左右回原点，手爪上升与下降，手爪升降回原点，这些动作都由各自的功能电机完成，故上肢动作的控制，实际上即为 4 个电机的控制（DJ1、BJ1-BJ3，张收、上下、左右、前后电机）。

1. 函数介绍

机器人 STR12-280 出厂时，控制平台提供了一些常用函数，用户可以直接使用这些函数来控制机器人，其中用于控制上肢动作的有：

1）DJ1_ZS(zs)——手爪张开/收缩

【函数功能】此函数为手爪张开/收缩函数。

【函数说明】参数 zs：选择手爪张开或者收缩。张开（zs=zk）/收缩（zs=ss）设定。如：DJ1_ZS(zk)，表示手爪开展；DJ1_ZS(ss)，表示手爪收缩。

2）motor_qh_bs(qh_fb,num_bs)——手爪前平移/后平移

【函数功能】此函数为手爪前后平移函数。

【函数说明】参数 qh_fb：选择手爪向前或者向后平移，向前（qh_fb=1）/向后（qh_fb=0）设定。参数 num_bs：前后步数。如：motor_qh_bs(1,1000)，表示手爪向前平移 1000 步；motor_qh_bs(0,1000)，表示手爪向后平移 1000 步。

3）motor_qh_yd()——手爪前后回原点

【函数功能】此函数为手爪前后回原点函数。

4）motor_zy_bs(zy_fb,num_bs)——手爪左平移/右平移

【函数功能】此函数为手爪左右平移函数。

【函数说明】参数 zy_fb：选择手爪向左或者向右平移，向左（zy_fb=1）/向右（zy_fb=0）设定。参数 num_bs：左右步数。如：motor_zy_bs(1,1000)，表示手爪向左平移 1000 步；motor_zy_bs(0,1000)，表示手爪向右平移 1000 步。

5）motor_zy_yd()——手爪左右回原点

【函数功能】此函数为手爪左右回原点函数。

6）motor_sj_bs(bssx,num_sjbs)——手爪上升/下降

【函数功能】此函数为手爪上升下降运动函数。

【函数说明】参数 bssx：选择手爪上升或下降的动作，上升（bssx=0）/下降（bssx=1）设定。参数 num_sjbs：升降步数。如：motor_sj_bs(0,1000)，表示手爪上升 1000 步；motor_sj_bs(1,1000)，表示手爪下降 1000 步。

7）motor_sj_yd()——手爪升降回原点

【函数功能】此函数为手爪升降回原点函数。

2. 函数应用

有了上述 7 个功能函数，机器人就能完成定点取料和放料动作，即一旦机器人到达工

件存放台，就能从存放台上取工件放至机器人车身上，完成物料搬运的准备，同样如果一旦机器人到达目标存放台，就能将工件放至目标存放台。

例 1：在工件存放台上有 6 个长方形工件，小孔板和大孔板各 3 个，还有 6 个梅花形工件，现需将其搬运至机器人车身上，如图 4-29 所示。

图 4-29　物料搬运任务示意图

机器人初始状态为平台移动叉右平移且下降到最低点，手爪前后、左右、上下都位于原点，并且收松。为简化取件，利用上述 7 个功能函数编写取件函数，由于升降运动过程可能会碰撞工件，本书函数仅实现两轴联动。

打开控制平台提供的函数 cp0_x：

```
void cp0_x() interrupt 1 using 1
{
    TF0_BZ=1;
        if(sj_zy_qh==0)cp_sj=~cp_sj;----------------------选择升降电机
        else if(sj_zy_qh==1)cp_zy=~cp_zy;---------------选择左右电机
        else if(sj_zy_qh==2)cp_qh=~cp_qh;---------------选择前后电机
}
```

在里面加上

```
        else if(sj_zy_qh==3){cp_qh=~cp_qh;cp_zy=~cp_zy;}-----选择前后、左右电机
```

为实现前后左右电机的两轴联动，编写联动函数如下：

```c
void motor_zyqh_bs( unsigned char zy_fb,unsigned int num_zy,unsigned char qh_fb,unsigned long int num_qh)
//参数zy_fb:选择手爪向左或者向右平移,向左(zy_fb=1)/向右(zy_fb=0)设定。
//参数num_zy:左右步数。
//参数qh_fb:选择手爪向前或者向后平移,向前(qh_fb=1)/向后(qh_fb=0)设定。参数num_qh:前后步数。如:motor_zyqh_bs(1,1000,1,1000),表示手爪同时向左平移1000步、向前平移1000步。
{
    unsigned int num;
    num=num_zy>num_qh?num_qh:num_zy;--------------取左右、前后步数的最小值
    ET0=1;
    sj_zy_qh=3;----------------------------------选择左右前后两轴联动
    dir_zy=zy_fb;
    dir_qh=qh_fb;
    TR0=1;
    while(num>0)---------------------------------左右前后最小步数内两轴联动
    {
        num--;
        while(!TF0_BZ);
        TF0_BZ=0;
    }
    if(num_zy>num_qh)----------------------------单独走完多余的步数
    {
        sj_zy_qh=1;
        num=num_zy-num_qh;
    }
    else
    {
        sj_zy_qh=2;
        num=num_qh-num_zy;
    }
    while(num>0)
    {
        num--;
        while(!TF0_BZ);
        TF0_BZ=0;
    }
    TR0=0;
    ET0=0;
}
```

写完上述两个函数做铺垫后，就可以编写取料函数，具体如下：

```c
void pick(unsigned int x,unsigned int y,unsigned int z)
    //参数x:左右移动的距离。参数y:前后移动的距离。参数z:移动的距离。
{
    unsigned char zy_fb;------------------------------------手爪向左/向右平移
    unsigned int num_zy;----------------------------------左右步数
    unsigned char qh_fb;------------------------------------手爪向前/向后平移
    unsigned long int num_qh;-----------------------------前后步数
    motor_sj_yd();--------------------------------------------手爪升降回原点
    //参数dx:手爪上一动作所处的左右位置。参数dy:手爪上一动作所处的前后位置。
    //左右、前后、升降电机移动1 mm各需要149、148、179个脉冲。
    if(dy<y) qh_fb=1,num_qh=(y-dy)*148;------目标位置大于既定位置,手爪向前移动
    else qh_fb=0,num_qh=(dy-y)*148;
    if(dx<x) zy_fb=1,num_zy=(x-dx)*149;------目标位置大于既定位置,手爪向左移动
    else zy_fb=0,num_zy=(dx-x)*149;
    motor_zyqh_bs(zy_fb,num_zy,qh_fb,num_qh);------手爪左右前后两轴联动
    motor_sj_bs(1,z*179);
    DJ1_ZS(zk);------------------------------------------手爪张开
    dx=x;-------------------------------------------------------记录下手爪当前的左右位置
    dy=y;-------------------------------------------------------记录下手爪当前的前后位置
    motor_sj_yd();--------------------------------------------手爪升降回原点
}
```

放料的函数类似于取料函数，只需要将其中的 DJ1_ZS（zk)改为DJ1_ZS（ss)即可，这里就不赘述。

STR12-280机器人手爪可以抓取不同工位台上的不同工件，手爪所需到达的位置各不相同，每一个位置都需要三个坐标参数，现将取放长方形物料所需测量的参数罗列如下（具体数据需要实际测量，这里全部用xx表示，升降方向是从上往下的顺序）：

```c
#define zyjl xx      //手爪到工位台需要移动的左右距离
#define cqh  xx      //手爪到大孔长板需要移动的前后距离
#define cxqh xx      //手爪到小孔长板需要移动的前后距离
#define cwz1 xx      //手爪到最上方长板需要移动上下的距离
#define cwz2 xx      //手爪到第二块方长板需要移动上下的距离
#define cwz3 xx      //手爪到最下方长板需要移动上下的距离
#define jcqh xx      //手爪到机身放长板处需要移动的前后距离
#define jcwz1 xx     //手爪到机身第一块长板处需要移动的上下距离
#define jcwz2 xx     //手爪到机身第二块长板处需要移动的上下距离
#define jcwz3 xx     //手爪到机身第三块长板处需要移动的上下距离
#define jcwz4 xx     //手爪到机身第四块长板处需要移动的上下距离
#define jcwz5 xx     //手爪到机身第五块长板处需要移动的上下距离
```

```
#define jcwz6 xx    //手爪到机身第六块长板处需要移动的上下距离
#define cyb xx      //手爪到存放台后位置梅花形工件需要移动的前后距离
#define cym xx      //手爪到存放台中间位置梅花形工件需要移动的前后距离
#define cyf xx      //手爪到存放台前位置梅花形工件需要移动的前后距离
#define cywz1 xx    //手爪到存放台上第一块梅花形工件需要移动的上下距离
#define cywz2 xx    //手爪到存放台上第二块梅花形工件需要移动的上下距离
#define jyhjl xx    //手爪到机身后位置梅花形工件需要移动的前后距离
#define jyqjl xx    //手爪到机身前位置梅花形工件需要移动的前后距离
#define jywz1 xx    //手爪到机身第一块梅花形工件需要移动的上下距离
#define jywz2 xx    //手爪到机身第二块梅花形工件需要移动的上下距离
#define jywz3 xx    //手爪到机身第三块梅花形工件需要移动的上下距离
#define zyb xx      //手爪到装载台后位置梅花形工件需要移动的前后距离
#define zym xx      //手爪到装载台中位置梅花形工件需要移动的前后距离
#define zyf xx      //手爪到装载台前位置梅花形工件需要移动的前后距离
#define zywz xx     //手爪到装载台后位置梅花形工件需要移动的前后距离
#define chjl xx     //手爪到装载台后位置大长板需要移动的前后距离
#define cqjl xx     //手爪到装载台前位置大长板需要移动的前后距离
#define cxhjl xx    //手爪到装载台后位置小长板需要移动的前后距离
#define cxqjl xx    //手爪到装载台前位置小长板需要移动的前后距离
#define cd xx       //手爪到装载台大长板需要移动的上下距离
#define cxd xx      //手爪到装载台低位小长板需要移动的上下距离
#define cxg xx      //手爪到装载台高位小长板需要移动的上下距离
///////////////////////////////////////////////////////////////////////
```

有了以上准备后,就可以编写机器人 STR12–280 的取、放料程序了,具体控制程序如下:
(1) 取第一至第六块小孔长方形工件:

```
pick(zyjl,cxqh,cwz1); ------------------取第一块小板
put(0,jcqh,jcwz1);    ------------------放板
pick(zyjl,cxqh,cwz2); ------------------取第二块小板
put(0,jcqh,jcwz1);    ------------------放板
pick(zyjl,cxqh,cwz3); ------------------取第三块小板
put(0,jcqh,jcwz1);    ------------------放板
pick(zyjl,cqh,cwz1);  ------------------取第一块大板
put(0,jcqh,jcwz1);    ------------------放板
pick(zyjl,cqh,cwz2);  ------------------取第二块大板
put(0,jcqh,jcwz1);    ------------------放板
pick(zyjl,cqh,cwz3);  ------------------取第三块大板
put(0,jcqh,jcwz1);    ------------------放板
```

（2）取第一至第六块小孔梅花形工件：
```
pick(zyjl,cyb,cywz1);  --------------------取存放台后位置第一块梅花
put(0,jyhjl,jywz3);    --------------------放梅花
pick(zyjl,cyb,cywz2);  --------------------取存放台后位置第二块梅花
put(0,jyqjl,jywz3);    --------------------放梅花
pick(zyjl,cym,cywz1);  --------------------取存放台中位置第一块梅花
put(0,jyhjl,jywz2);    --------------------放梅花
pick(zyjl,cym,cywz2);  --------------------取存放台中位置第二块梅花
put(0,jyqjl,jywz2);    --------------------放梅花
pick(zyjl,cyf,cywz1);  --------------------取存放台前位置第一块梅花
put(0,jyqjl,jywz1);    --------------------放梅花
pick(zyjl,cyf,cywz2);  --------------------取存放台前位置第二块梅花
put(0,jyhjl,jywz1);    --------------------放梅花
```

第（1）和（2）程序就完成了例1任务，实现效果如图4-29所示。如果机器人到达目标工位，需要将机器人身上的工件（梅花形工件和小、大连接板）放到目标工位，则程序如下：

（3）工作台放梅花型工件：
```
pick(0,jyhjl,jywz1);   --------------------取机器人上后位置第一块梅花
put(zyjl,zym,zywz);    --------------------放站板中位置
pick(0,jyhjl,jywz2);   --------------------取机器人上后位置第二块梅花
put(zyjl,zyb,zywz);    --------------------放站板后位置
pick(0,jyhjl,jywz3);   --------------------取机器人上后位置第三块梅花
put(zyjl,zyf,zywz);    --------------------放站板前位置
pick(0,jyqjl,jywz1);   --------------------取机器人上后前位置第一块梅花
put(zyjl,zym,zywz);    --------------------放站板中位置
pick(0,jyqjl,jywz2);   --------------------取机器人上后前位置第二块梅花
put(zyjl,zyf,zywz);    --------------------放站板前位置
pick(0,jyqjl,jywz3);   --------------------取机器人上后前位置第三块梅花
put(zyjl,zyb,zywz);    --------------------放站板后位置
```

（4）工作台放长方形型工件：
```
pick(0,jcqh,jcwz1);    --------------------取机器人上从上往下第一块板
put(zyjl,chjl,cxd);    ------------------(大板)放后位置
pick(0,jcqh,jcwz2);    --------------------取机器人上从上往下第二块板
put(zyjl,cqjl,cxd);    ------------------(大板)放前位置
pick(0,jcqh,jcwz3);    --------------------取机器人上从上往下第三块板
put(zyjl,cxqjl, cxd);  ------------------(小板)放前低位置
pick(0,jcqh,jcwz3);    --------------------取机器人上从上往下第三块板
put(zyjl,cxhjl, cxd);  ------------------(小板)放后低位置
pick(0,jcqh,jcwz3);    --------------------取机器人上从上往下第三块板
```

```
put(zyjl,cxqjl, cxg);  ------------------(小板)放前高位置
pick(0,jcqh,jcwz3);    ------------------取机器人上从上往下第三块板
put(zyjl,cxhjl, cxg);  ------------------(小板)放后高位置
```

物料放置同样是几个功能函数的逻辑组合动作，需要按顺序完成，切勿颠倒；同时注意工作台高度，以工作台高度决定工件放置时下降到的位置。在技能大赛"机器人技术应用"比赛中，如只要求 2 个工件放到工作台上，并无叠放要求时，需要对应制定策略，叠放有重复定位精度要求，但效率高；平放更保险，但需最后一个工件需多下降一个传感器位置。

机器人在运动过程，如果上肢处于伸出位置，机身晃动会导致手爪位置发生变化，因此，在下位机开始动作之前，上肢需要复位。

```
//机器人复位 system_initial()
DJ3_XSX(xx);       ------------------平叉机构向下平移
DJ2_XPY(ypy);      ------------------平叉机构向右平移
DJ1_ZS(ss);        ------------------手爪松开
motor_zy_yd();     ------------------手爪左右回原点
motor_qh_yd();     ------------------手爪前后回原点
motor_sj_yd();     ------------------手爪升降回原点
delay_ms(200);
```

3. 注意事项

（1）注意上肢动作的逻辑组合，按序完成动作。

（2）在效率与安全中合理选择策略。

（3）机器人运行时，需实时监控，以免意外。

（4）机器人运行时，发现问题应及时切断 24 V 电源。此时可以现场排除故障后续接任务，若切断 12 V 电源，则程序必须重新运行。

学习任务 3　平叉动作

【任务描述】

本任务主要学习如何控制机器人 STR12-280 的平叉部件动作，实现其功能，平叉动作包括平叉的左平移及右平移复位，以及平叉的向上、向下运动。

【任务实施】

平叉动作有 2 个：平叉的左平移与右平移，平叉的上升与下降，这些动作都由各自的功能电机完成，故平叉动作的控制实际上即为 2 个直流电机的控制（DJ2 和 DJ3，伸缩、上下电机）。

1. 函数介绍

机器人 STR12-280 出厂时，控制平台提供了一些常用函数，用户可以直接使用这些函数来控制机器人，其中用于控制平叉动作的有：

1）DJ2_XPY(xpy)——平台移动叉的左平移/右平移

【函数功能】此函数为平台移动叉的左右平移函数。

【函数说明】参数 xpy：选择平台移动叉的向左或者向右平移，向左(xpy=zpy)，向右（xpy=ypy）。如：DJ2_XPY(zpy)，表示平台移动叉向左平移；DJ2_XPY(ypy)，表示平台移动叉向右平移。

2）DJ3_XSX(xsx)——平台移动叉的上升/下降

【函数功能】此函数为平台移动叉的上下升降运动函数。

【函数说明】参数 xsx：选择平台移动叉的上升或者下降的动作，向上(xsx=xs)/向下（xsx=xx）设定。如：DJ3_XSX(xs)，表示平台移动叉上升；DJ3_XSX(xx)，表示平台移动叉下降。

2. 函数应用

有了上述 2 个功能函数，机器人就能靠平叉机构完成定点取、放托盘的动作，即一旦机器人到达目标工件存放台，就能从存放台上取走整个托盘放至机器人车身上。同样如果机器人到达目标存放台，也能将机器人身上的整个托盘放至目标存放台上。由于平叉动作相对简单，函数也比较好理解，故在此不再详细举例说明，用户可自行尝试。

3. 注意事项

（1）注意平叉动作的逻辑组合，按序完成动作。

（2）机器人运行时，需实时监控，以免意外。

（3）机器人运行时，发现问题应及时切断 24 V 电源。此时可以现场排除故障后续接任务，若切断 12 V 电源，则程序必须重新运行。

学习任务 4　底 盘 动 作

【任务描述】

本任务主要学习如何控制机器人 STR12-280 的底盘部分，实现其功能。底盘动作主要包括前进、后退、左转、右转，在这基础上机器人才能完成循迹功能。

【任务实施】

1. 函数介绍

同样机器人 STR12-280 出厂时，控制平台提供的常用函数中，与底盘动作相关的有以下几个，用户可以直接使用这些函数来实现底盘功能。

1）delay_ms(T)——延时

【函数功能】此函数为毫秒级延时函数。

【函数说明】参数 T：用于调用时的延时时间设置，T 的取值范围是 1～65535。如 delay_ms(1000)，表示延时时间为 1 秒。特别说明，用此函数延时，延时时间并不精确。

2）stop（m）——电机停止

【函数功能】此函数为电机停止函数。

【函数说明】参数 m：选择电机，l 代表左行走电机，r 代表右行走电机，rl 代表同时选择左右行走电机；DJ1 代表手爪电机；DJ2 代表平移电机；DJ3 代表升降电机；DJ4 代表回转电机，即此函数可以停止机器人全身 6 只电机中的任何 1 只。如 stop（rl），表示左右行走电机同时停止，机器人将停在当前位置。

3）FOLL_LINE(S_B,R_B,L_B,ti)——循线计数

【函数功能】此函数为 8 位循线传感器循线计数函数。

【函数说明】参数 S_B：循线时行走基准速度设置（即循线时机器人行走基本速度），范围 1~100。参数 R_B：循线时右行走电机基准速度设置（即循线时右行走电机的基本速度，用于循线微调），范围 1~100。参数 L_B：循线时左行走电机基准速度设置（即循线时左行走电机的基本速度，用于循线微调），范围 1~100。参数 ti：循线条数设置（即寻到设定条数时会跳出此函数），范围 1~255。如：FOLL_LINE(70,70,70,3)，表示机器人以 70 的速度沿白色引导线前进到第 3 条十字交叉处。注：此函数无停止功能，如到第 3 条白线后机器人跳出函数，即失去循线功能，但此时机器人并不停止，还将继续动作。

4）TURN_90(e,r_s,l_s,qc_t,pb_t,end_t)——机器人转弯（90°）

【函数功能】此函数为机器人旋转 90 度（即寻找与前进方向 90°交叉的白条）。

【函数说明】参数 e：选择机器人左转或右转，1 左转 90°，r 右转 90°。参数 r_s：转弯右电机速度设置（即转弯时右电机的速度），范围 1~100。参数 l_s：转弯左电机速度设置（即转弯时左电机的速度），范围 1~100。参数 qc_t：机器人检测到白色引导条后继续前进到转弯位置，根据前进速度调整，范围 0~65535。参数 end_t：机器人转弯中指定传感器检测到白色引导条的时间，根据转弯时速度调整，范围 0~65535，通常取默认值即可。如：TURN_90(l,50,50,2900,500,2)，表示机器人左转 90°，具体动作为机器人检测到白色引导条后继续前进 2.9 s（2900），以 50 的速度左转，然后在转弯时屏蔽 8 路循线传感器时间 0.5 s，到指定传感器信号位重新检测到白色引导条，再继续转弯 2 ms（克服惯性），完成转弯。qc_t 实际为前冲距离，因循线传感器安装在机器人前端，故在传感器检测到信号时机器人车身尚未到位，需继续往前一段距离然后才能转弯。而 pb_t 则为防止机器人在转弯时循线传感器干扰，先屏蔽一段时间，待机器人转弯完成后再重新打开，继续循线。函数中这两个时间需要在实际工作中测试选择，并随电量动态调整。

2. 函数应用

1）进工作站

机器人按现场场地图，先需从出发区出发到工件存放区站点取工件，定点取料已经在任务 2 中完成，接下来就是要控制机器人按地面地图进入工作站，机器人循线原理如图 4-30 所示，进站任务如图 4-31 所示。

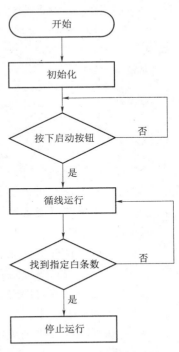

图 4-30 机器人循线原理图

图 4-31　机器人进站任务示意图

机器人初始状态为手爪位于机器人右侧，升到位置 1，处于最前端，并且松开。进站控制程序如下：

```
    FOLL_LINE(80,80,80,2);--------------------机器人以80速度循线到第2条白线十字交叉处
    TURN_90(1,50,50,2100,500,2);-------------机器人以50速度左转,前冲时间2.1秒,循线传感器屏蔽时间0.5秒,此两处参数需现场调试确定
    FOLL_LINE(40,40,40,2);--------------------机器人完成转弯后继续以40速度循线到第2条白线十字交叉处
    //机器人侧边传感器寻线(jz)
    SER_SEL(ps912); --------------------------打开PS_10
    while(PS_10)------------------------------当 PS_10 检测到工位台侧边白线时左右电机停止
    {
       motor(l,f,30);
       motor(r,f,32);
    }
    stop(rl);
```

如果机器人循线进入不了工作站，即检测不到工位台侧边白条，则需调整检测时左右轮的速度。比赛中可能还需修正循线函数参数，以确保机器人精确循线。

2）路径规划

机器人从工件存放区搬取工件后，从站点出发去目标工位，需要路径规划，合理选择循线道路。路径规划具体包括：

（1）从工件存放台出发去某一目标工位；

（2）从当前工位出发去下一个目标工位。

路径规划原则及优先级依次为：

（1）路径安全：机器人途经路径需安全有效，不得有碰擦其他工位或已安放工件的风险；

（2）时间最少：从当前位置到目标位置耗时最少，此时需要权衡直线距离与转弯次数；

（3）最短距离：从当前位置到目标位置距离最短；

（4）路径规避：从当前位置到目标位置路径选择时避开某个（或某段）道路，如工件存放台、圆弧等；

（5）避开拥堵：当场地上有 2 台及以上机器人同时运行时，还需考虑道路拥堵程度。优先级别按编号依次下降，如当道路安全和最短距离冲突时，应优先考虑道路安全。

例 2：机器人运行场地图如图 4–32 所示，机器人在 1 号工位完成物料安放后，出发去 5 号工位接着安放物料，机器人车头当前朝向 2 号工位，请做出合理的路径规划。

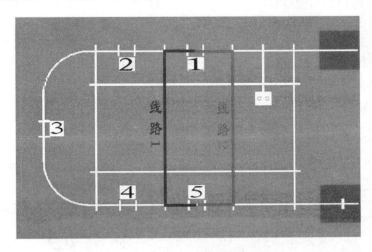

图 4–32　机器人场地平面图

按最短距离原则，从 1 号工位去 5 号工位线路 1 和线路 2 距离最短；考虑出发前机器人朝向，如果选线路 2 则需先回转 180°，而线路 1 则可以不作调整直接出发，按时间最少原则，线路 1 为最优路线。具体程序如下：

```
FOLL_LINE(50,50,50,2);--------------------以50速度循2条线
TURN_90(1,40,40,1900,600,2);--------------以40速度左转
FOLL_LINE(50,50,50,3);--------------------以50速度循3条线
TURN_90(1,40,40,1900,600,2);--------------以40速度左转
FOLL_LINE(50,50,50,1);--------------------以50速度循1条线
delay_ms(300);---------------------------延时0.3秒,过交叉线
stop(rl) ;-------------------------------停止左右电机
```

3. 注意事项

（1）机器人运行时，发现问题应及时断 24 V 电源。

（2）机器人运行时，人应在周围实时监控。

学习任务 5　物料自动堆垛与载运

【任务描述】

本任务在学习了机器人控制平台、上肢、平叉和底盘动作的基础上，进一步将前面所学内容融会贯通，学会让机器人完成完整任务，并会举一反三。

【任务实施】

1. 任务描述

在如图 4-33 所示场地图中，按顺序完成以下任务：

（1）让机器人从出发区启动运行。

（2）机器人沿白色引导线前进，运行至工件装载台抓取 12 个工件（6 个梅花形工件、3 块大连接板和 3 块小连接板）。

（3）机器人在 1 号工位上摆放 3 个梅花形工件和 3 个长方形工件；在 4 号工位上摆放 3 个梅花形工件和 3 个长方形工件。注：工件无编号，工位摆放无先后顺序。

（4）机器人继续运行至回到出发区停止，任务完成。

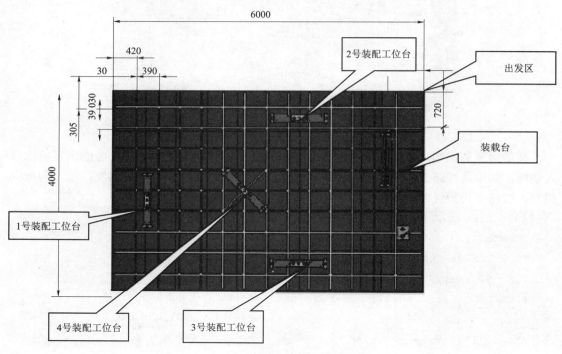

图 4-33 场地示意图

2. 任务思路

整个任务按先后顺序可以划分为出发进站、抓取工件、去目标工位、放目标工件、回终点五个步骤，而最核心的是两个部分：路径规划和工件抓放。按此思路设计任务流程图如图 4-34 所示。

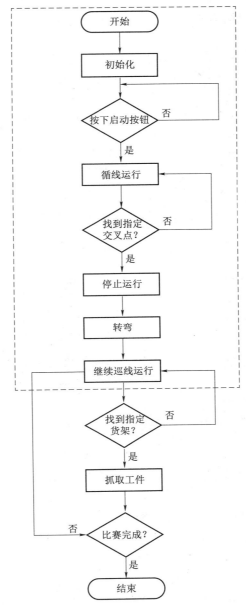

图 4-34 任务流程图

3. 编程实施

按流程图思路，最终任务程序编写如下：

1）机器人初始化

```
S_T();                  //初始化
timer0_initial5();      //手爪速度，一般采用默认的，也可调节
 EA=1;
system_initial();       //复位
```

```
start_=0;          //等待按键的启动
```

2）机器人进站
```
FOLL_LINE(80,80,80,2);
TURN_90(l,50,50,2100,500,2);
FOLL_LINE(40,40,40,2);
jz();
```

3）抓取6个长方形工件
```
pick(zyjl,cxqh,cwz1);
put(0,jcqh,jcwz1);
pick(zyjl,cqh,cwz1);
put(0,jcqh,jcwz1);
pick(zyjl,cqh,cwz2);
put(0,jcqh,jcwz1);
pick(zyjl,cxqh,cwz2);
put(0,jcqh,jcwz1);
pick(zyjl,cxqh,cwz3);
put(0,jcqh,jcwz1);
pick(zyjl,cqh,cwz3);
put(0,jcqh,jcwz1);
```

4）机器人到存放台前位置
```
FOLL_LINE(80,80,80,1);
jz();
```

5）取6块梅花形工件
```
pick(zyjl,cyb,cywz1);
put(0,jyhjl,jywz3);
pick(zyjl,cyb,cywz2);
put(0,jyqjl,jywz3);
pick(zyjl,cym,cywz1);
put(0,jyhjl,jywz2);
pick(zyjl,cym,cywz2);
put(0,jyqjl,jywz2);
pick(zyjl,cyf,cywz1);
put(0,jyqjl,jywz1);
pick(zyjl,cyf,cywz2);
put(0,jyhjl,jywz1);
```

6）至目标工位放相应工件
（1）1号工位摆放3个梅花工件和3个长方形工件：
```
FOLL_LINE(80,80,80,4);
TURN_90(r,50,50,2100,500,2);
```

```
FOLL_LINE(80,80,80,10);
TURN_90(r,50,50,2100,500,2);
FOLL_LINE(80,80,80,2);      //前进至1号工位
jz();                        //停在1号工位
pick(0,jyhjl,jywz1);         //摆放3个梅花形工件
put(zyjl,zym,zywz);
pick(0,jyhjl,jywz2);
put(zyjl,zyb,zywz);
pick(0,jyhjl,jywz3);
put(zyjl,zyf,zywz);
delay_ms(5000);              //等待圆柱形工件的摆放,时间需实测
pick(0,jcqh,jcwz1);          //摆放3个长方形工件
put(zyjl,chjl,cxd);
pick(0,jcqh,jcwz2);
put(zyjl,cxqjl,cxg);
pick(0,jcqh,jcwz3);
put(zyjl,cxqjl,cxg 9);
```

（2）4号工位摆放3个梅花工件和3个长方形工件：

```
FOLL_LINE(80,80,80,2);
TURN_90(r,50,50,2100,500,2);
FOLL_LINE(80,80,80,2);       //前进至4号工位
//右转45°进站(turn_45j(),后续可直接调用)
stop(rl);
delay_ms(200);
motor(l,f,40);
motor(r,f,40);
delay_ms(2500);              //前进一小段
stop(rl);
delay_ms(200);
motor(l,f,40);
motor(r,b,30);
delay_ms(1700);
stop(rl);
delay_ms(200);               //右转45°
motor(l,f,40);
motor(r,f,45);
delay_ms(6000);              //贴边前进
stop(rl);
delay_ms(200);
```

```
    jz();                    //循线进站
////////////////////////////////////////////////////////////////
    pick(0,jyqjl,jywz1);     //摆放3个梅花形工件
    put(zyjl,zym,zywz);
    pick(0,jyqjl,jywz2);
    put(zyjl,zyf,zywz);
    pick(0,jyqjl,jywz3);
    put(zyjl,zyb,zywz);
    delay_ms(5000);          //等待圆柱形工件的摆放, 时间需实测

    pick(0,jcqh,jcwz4);      //摆放3个长方形工件
    put(zyjl,chjl,cxd);
    pick(0,jcqh,jcwz5);
    put(zyjl,chjl,cxd);
    pick(0,jcqh,jcwz6);
    put(zyjl,cxqjl,cxd);
    7) 机器人回终点
    //左转45°出站 (turn_45zc(),后续可直接调用)
    motor(l,f,60);
    motor(r,f,60);
    delay_ms(6500);          //需实际测量
    stop(rl);
    delay_ms(200);           //前进一段
    motor(l,f,40);
    motor(r,b,30);
    delay_ms(1500);          //需实际测量
    stop(rl);
    delay_ms(200);           //左转45°
////////////////////////////////////////////////////////////////
    FOLL_LINE(80,80,80,4);
    TURN_90(l,50,50,2100,500,2);
    FOLL_LINE(80,80,80,6);
    TURN_90(r,50,50,2100,500,2);
    FOLL_LINE(80,80,80,2);
    motor(l,f,40);
    motor(r,f,40);
    delay_ms(3000);          //回到出发区
    stop(rl);
```

4.4 任务总结

通过本项目的学习,学生可以熟练掌握以下内容:
(1)机器人 STR12-280 的控制平台操作。
(2)机器人 STR12-280 的上肢动作控制。
(3)机器人 STR12-280 的平叉动作控制。
(4)机器人 STR12-280 的底盘动作控制。
(5)机器人 STR12-280 的物料自动堆垛与载运。

4.5 任务评价

任务评价见表 4-1。

表 4-1 任务评价表

情境名称		学习情境 4　机器人 STR12-280 的控制			
评价方式	评价模块	评价内容		分值	得分
自评 40%	学习能力	逐一对照情境学习知识目标,根据实际掌握情况打分		6	
	动手能力	逐一对照情境学习技能目标,根据实际掌握情况打分		6	
	协作能力	在分组任务学习过程中,自己的团队协作能力		6	
	完成情况	学习任务 1 完成程度		4	
		学习任务 2 完成程度		4	
		学习任务 3 完成程度		3	
		学习任务 4 完成程度		5	
		学习任务 5 完成程度		6	
组评 30%	组内贡献	组内测评个人在小组任务学习过程中的贡献值		10	
	团队协作	组内测评个人在小组任务学习过程中的协作程度		10	
	技能掌握	对照情境学习技能目标,组内测评个人掌握程度		10	
师评 30%	学习态度	个人在情境学习过程中,参与的积极性		10	
	知识构建	个人在情境学习过程中,知识、技能掌握情况		10	
	创新能力	个人在情境学习过程中,表现出的创新思维、动作、语言等		10	
学生姓名		小组编号	总分	100	

4.6 情境拓展

在本章节学习任务 5 中，我们完成了机器人的一个完整任务，但是该任务中工件是没有编号的，而在实际场合中，往往会要求在指定工位上摆放指定编号的工件，这种带编号的任务如何完成呢？接下来我们再来学习个案例。

1. 任务描述

在图 4-33 所示场地图中，按顺序完成以下任务：

（1）让机器人从出发区启动运行。

（2）机器人沿白色引导线前进，运行至工件存放区抓取 12 个工件（6 个梅花形工件、3 块大连接板和 3 块小连接板），各工件的编号如图 4-35 所示。

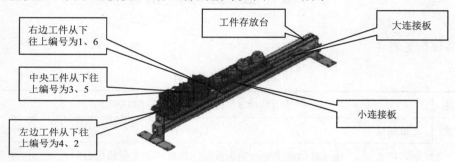

图 4-35　工件存放台工件摆放编号示意图

（3）机器人在 1 号工位上按图 4-36 所示摆放梅花形工件和大小连接板；在 4 号工位上按图 4-37 所示摆放梅花形工件和大小连接板。注：每个工位摆放无先后顺序。

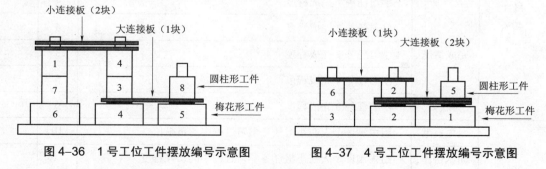

图 4-36　1 号工位工件摆放编号示意图　　图 4-37　4 号工位工件摆放编号示意图

（4）机器人继续运行至出发区停止，任务完成。

2. 编程实施

1) 机器人初始化

```
S_T();
timer0_initial5();
EA=1;
```

```
    system_initial();
    start_=0;
```

2)机器人进站

```
    FOLL_LINE(80,80,80,2);
    TURN_90(1,50,50,2100,500,2);
    FOLL_LINE(40,40,40,2);
    jz();                     //到达装载台中位置
```

3)抓取12个工件

```
    pick(zyjl,cxqh,cwz1);
    put(0,jcqh,jcwz1);        //取放第一块小长板
    pick(zyjl,cqh,cwz1);
    put(0,jcqh,jcwz1);        //取放第一块大长板
    pick(zyjl,cqh,cwz2);
    put(0,jcqh,jcwz1);        //取放第二块大长板
    pick(zyjl,cxqh,cwz2);
    put(0,jcqh,jcwz1);        //取放第二块小长板
    pick(zyjl,cxqh,cwz3);
    put(0,jcqh,jcwz1);        //取放第三块小长板
    pick(zyjl,cqh,cwz3);
    put(0,jcqh,jcwz1);        //取放第三块大长板
    motor_zy_yd();
    motor_qh_yd();
    delay_ms(200);            //下位机开始动作前,手爪在左右、前后方向回原点
    FOLL_LINE(80,80,80,1);
    jz();                     //到达装载台前位置
    pick(zyjl,cyb,cywz1);     //抓取装载台后位置第一块梅花形工件
    put(0,jyhjl,jywz3);       //放到机身后位置3(从上往下位置为1、2、3)
    pick(zyjl,cyb,cywz2);     //抓取装载台后位置第二块梅花形工件
    put(0,jyqjl,jywz3);       //放到机身前位置3
    pick(zyjl,cym,cywz1);     //抓取装载台中位置第一块梅花形工件
    put(0,jyhjl,jywz2);       //放到机身后位置2
    pick(zyjl,cym,cywz2);     //抓取装载台中位置第二块梅花形工件
    put(0,jyqjl,jywz2);       //放到机身前位置2
    pick(zyjl,cyf,cywz1);     //抓取装载台前位置第一块梅花形工件
    put(0,jyqjl,jywz1);       //放到机身前位置1
    pick(zyjl,cyf,cywz2);     //抓取装载台前位置第二块梅花形工件
    put(0,jyhjl,jywz1);       //放到机身后位置1
```

4)至目标工位放相应工件

(1)1号工位摆放3个梅花工件和3个长方形工件:

```
    FOLL_LINE(80,80,80,4);
    TURN_90(r,50,50,2100,500,2);
    FOLL_LINE(80,80,80,10);
    TURN_90(r,50,50,2100,500,2);
    FOLL_LINE(80,80,80,2);        //前进至1号工位：
    jz();                          //停在1号工位
    pick(0,jyhjl,jywz1);           //摆放3个梅花形工件（4、5、6）
    put(zyjl,zym,zywz);
    pick(0,jyhjl,jywz2);
    put(zyjl,zyb,zywz);
    pick(0,jyhjl,jywz3);
    put(zyjl,zyf,zywz);
    delay_ms(5000);                //等待圆柱形工件的摆放，时间需实测
    pick(0,jcqh,jcwz1);            //摆放3个长方形工件（大、小、小）
    put(zyjl,chjl,cxd);
    pick(0,jcqh,jcwz2);
    put(zyjl,cxqjl,cxg);
    pick(0,jcqh,jcwz3);
    put(zyjl,cxqjl,cxg-9);
```

（2）4号工位摆放3个梅花工件和3个长方形工件：

```
    FOLL_LINE(80,80,80,2);
    TURN_90(r,50,50,2100,500,2);
    FOLL_LINE(80,80,80,2);         //前进至4号工位
    turn_45j();                     //右转45°进站
    pick(0,jyqjl,jywz1);            //摆放3个梅花形工件（2、3、1）
    put(zyjl,zym,zywz);
    pick(0,jyqjl,jywz2);
    put(zyjl,zyf,zywz);
    pick(0,jyqjl,jywz3);
    put(zyjl,zyb,zywz);
    delay_ms(5000);                 //等待圆柱形工件的摆放，时间需实测
    pick(0,jcqh,jcwz4);             //摆放3个长方形工件（大、大、小）
    put(zyjl,chjl,cxd);
    pick(0,jcqh,jcwz5);
    put(zyjl,chjl,cxd);
    pick(0,jcqh,jcwz6);
    put(zyjl,cxqjl,cxd);
```

5）机器人回终点

```
    turn_45zc();//左转45°出站
```

```
FOLL_LINE(80,80,80,4);
TURN_90(l,50,50,2100,500,2);
FOLL_LINE(80,80,80,6);
TURN_90(r,50,50,2100,500,2);
FOLL_LINE(80,80,80,2);
//回到出发区 hj（后面可直接调用）
motor(l,f,40);
motor(r,f,40);
delay_ms(3000);
stop(rl);
```

为便于用户加深理解，在此增加五个案例学习，每个案例都在前一个基础上加深了一些难度。

例 3：编写机器人运行程序，在图 4-39 所示场地上按顺序完成比赛任务，图 4-38 为工作存放台工件初始摆放顺序。

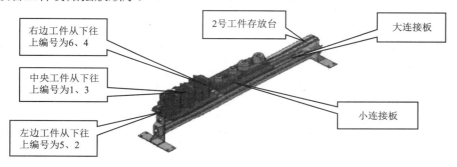

图 4-38　工件存放台工件摆放编号示意图

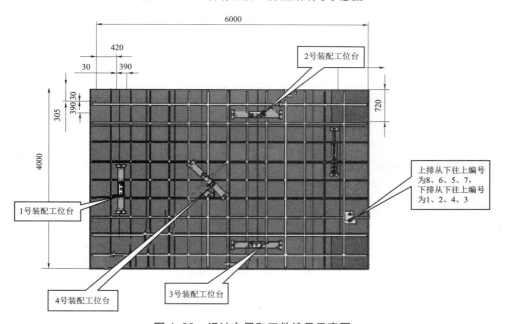

图 4-39　场地布局和工件编号示意图

（1）机器人从起点出发，分别到装载台装载工件。

（2）完成第 1 步后，机器人按图 4–40 要求在 4 号装配台处先摆放 3 个梅花形工件；梅花形工件摆放完成后，由裁判放置圆柱形工件；机器人再摆放大小连接板。

（3）完成第 2 步后，机器人到达 2 号装配台，等待 20 秒。

（4）完成第 3 步后，机器人按图 4–41 要求在 3 号装配台处先摆放 3 个梅花形工件；梅花形工件摆放完成后，由裁判放置圆柱形工件；机器人再摆放大小连接板。

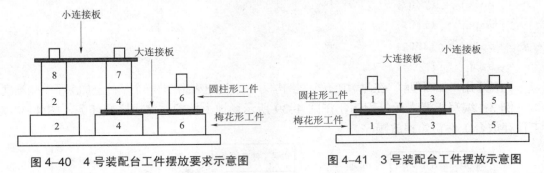

图 4–40　4 号装配台工件摆放要求示意图　　　图 4–41　3 号装配台工件摆放示意图

（5）完成第 4 步后，机器人将 4 号装配台处的工件连同托盘一起托起，送到 1 号装配台处。

（6）机器人回到出发区，结束。

案例分析：任务思路还是路径规划和工件取放，这与前面任务类似。不同之处在于，本题多了取放托盘的任务，竞赛任务多数会有这个要求，因此，先编写取托盘（qtp）和放托盘（ftp）的函数如下：

```
// 机器人取托盘（qtp）
    DJ2_XPY(zpy); ------------------平叉机构向左平移
    DJ3_XSX(xs); ------------------平叉机构向上平移
    DJ2_XPY(ypy); ------------------平叉机构向右平移
//机器人放托盘（ftp）
    DJ3_XSX(xs); ------------------平叉机构向上平移
    DJ2_XPY(zpy); ------------------平叉机构向左平移
    DJ3_XSX(xx); ------------------平叉机构向下平移
    DJ2_XPY(ypy); ------------------平叉机构向右平移
```

为保证底盘动作过程不影响上肢位置，在某工位完成指定动作后，手爪在左右、前后方向先回原点，再向下一工位运动。整个任务运行过程，手爪需要多次回原点，故将此函数封装为 hyd，如下：

```
    motor_zy_yd();
    motor_qh_yd();
    delay_ms(200);
```

另外，由于路径规划的不同，这里我们用到右转 45°出站（turn_45yc()）：

```
    motor(l,f,60);
    motor(r,f,60);
```

```
    delay_ms(6000);        //需实际测量
    stop(rl);
    delay_ms(200);         //前进一段
    motor(r,f,40);
    motor(l,b,30);
    delay_ms(1500);        //需实际测量
    stop(rl);
    delay_ms(200);         //右转45°
```

编程实施：

1）机器人初始化

```
    S_T();
    timer0_initial5();
    EA=1;
    system_initial();
    start_=0;
```

2）机器人进站

```
    FOLL_LINE(80,80,80,2);
    TURN_90(l,50,50,2100,500,2);
    FOLL_LINE(40,40,40,2);
    jz();
```

3）取放10个工件

注意：图4-40和图4-41中仅用到大小长板各两块，因此没必要取放所有长板。

```
pick(zyjl,cxqh,cwz1);     //取板顺序分别为小、大、小、大
put(0,jcqh,jcwz1);
pick(zyjl,cqh,cwz1);
put(0,jcqh,jcwz1);
pick(zyjl,cxqh,cwz2);
put(0,jcqh,jcwz1);
pick(zyjl,cqh,cwz2);
put(0,jcqh,jcwz1);
hyd();                    //下位机开始动作前，手爪在左右、前后方向回原点
FOLL_LINE(80,80,80,1);
jz();                     //到达装载台前位置
pick(zyjl,cyb,cywz1);     //取放梅花形工件，顺序分别为6、4、2、5、3、1
put(0,jyhjl,jywz3);
pick(zyjl,cyb,cywz2);
put(0,jyhjl,jywz2);
pick(zyjl,cyf,cywz1);
put(0,jyhjl,jywz1);
```

```
pick(zyjl,cyf,cywz2);
put(0,jyqjl,jywz3);
pick(zyjl,cym,cywz1);
put(0,jyqjl,jywz2);
pick(zyjl,cym,cywz2);
put(0,jyqjl,jywz1);
```

4）到目标工位摆放指定工件
（1）4号装配台摆放工件：

```
hyd();                              //下位机开始动作前，手爪在左右、前后方向回原点
FOLL_LINE(80,80,80,2);
TURN_90(r,50,50,2300,500,2);
FOLL_LINE(80,80,80,4);
turn_45j();//到达4号台
pick(0,jyhjl,jywz1);                //摆放梅花形工件2、4、6
put(zyjl,zyf,zywz);
pick(0,jyhjl,jywz2);
put(zyjl,zym,zywz);
pick(0,jyhjl,jywz2);
put(zyjl,zyb,zywz);
delay_ms(5000);                     //等待圆柱形工件的摆放，需实际测量
pick(0,jcqh,jcwz3);                 //摆放图4-40所示大连接板
put(zyjl,chjl,cxd);
pick(0,jcqh,jcwz4);                 //摆放图4-40所示小连接板
put(zyjl,cxqjl,cxg);
hyd();
turn_45yc();                        //右转45°出站
FOLL_LINE(80,80,80,1);
TURN_90(r,50,50,2400,500,2);
FOLL_LINE(80,80,80,4);              //到达2号台
stop(rl);
delay_ms(20000);                    //等待20秒
FOLL_LINE(80,80,80,2);
TURN_90(r,50,50,2300,500,2);
FOLL_LINE(80,80,80,6);
TURN_90(r,50,50,2400,500,2);
FOLL_LINE(80,80,80,1);
```

（2）3号装配台摆放工件：

```
jz();                               //到达3号台
pick(0,jyqjl,jywz1);                //摆放梅花形工件1、3、5
```

```
put(zyjl,zyf,zywz);
pick(0,jyqjl,jywz2);
put(zyjl,zym,zywz);
pick(0,jyqjl,jywz2);
put(zyjl,zyb,zywz);
delay_ms(5000);                //等待圆柱形工件的摆放
pick(0,jcqh,jcwz5);            //摆放图3所示大长板
put(zyjl,cqjl,cxd);
pick(0,jcqh,jcwz6);            //摆放图3所示小长板
put(zyjl,cxhjl,cxd);
hyd();
FOLL_LINE(80,80,80,3);
TURN_90(r,50,50,2300,500,2);
FOLL_LINE(80,80,80,1);
TURN_90(r,50,50,2300,500,2);
FOLL_LINE(80,80,80,3);
TURN_90(l,50,50,2300,500,2);
FOLL_LINE(80,80,80,1);
TURN_90(l,50,50,2300,500,2);
FOLL_LINE(80,80,80,1);
turn_45j();                    //到达4号台
```

（3）4号装配台取托盘：

```
qtp(380);                      //取托盘时间需实测
turn_45zc();                   //左转45°出站
FOLL_LINE(80,80,80,4);
TURN_90(l,50,50,2200,500,2);
FOLL_LINE(80,80,80,3);
```

（4）1号装配台放托盘：

```
jz();                          //到达1号台
ftp();                         //放托盘
```

5）机器人回终点

```
FOLL_LINE(80,80,80,2);
TURN_90(l,50,50,2300,500,2);
FOLL_LINE(80,80,80,5);
TURN_90(l,50,50,2300,500,2);
FOLL_LINE(80,80,80,1);
TURN_90(r,50,50,2300,500,2);
FOLL_LINE(80,80,80,5);
TURN_90(l,50,50,2300,500,2);
```

```
FOLL_LINE(80,80,80,6);
    hj();                              //回到出发区
```

例4：编写机器人运行程序，在图4-43所示场地上按顺序完成比赛任务，图4-42为工件存放台工件初始摆放顺序。

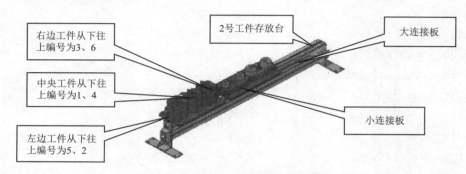

图4-42 工件存放台工件摆放编号示意图

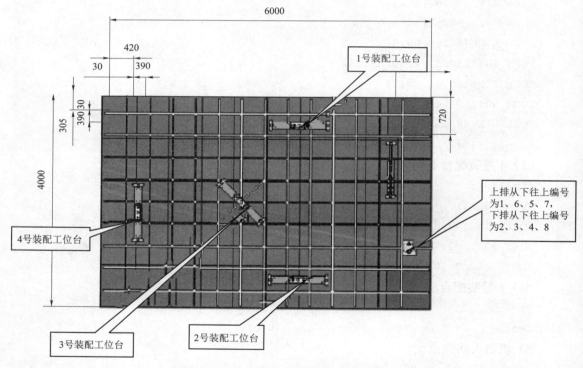

图4-43 场地布局和工件编号示意图

（1）机器人从起点出发，分别到装载台装载工件。

（2）完成第1步后，机器人按图4-44要求在4号装配台处先摆放3个梅花形工件；梅花形工件摆放完成后，由裁判放置圆柱形工件；机器人再摆放大小连接板。

（3）完成第2步后，机器人到达1号装配台，等待20秒。

（4）完成第3步后，机器人按图4-45要求在3号装配台处先摆放3个梅花形工件；梅花形工件摆放完成后，由裁判放置圆柱形工件；机器人再摆放大小连接板。

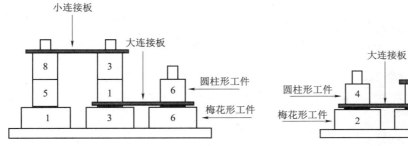

图4-44　4号装配台工件摆放示意图　　　图4-45　3号装配台工件摆放示意图

（5）完成第4步后，机器人将4号装配台处的工件连同托盘一起托起，送到2号装配台处。

（6）机器人回到出发区，结束。

编程实施：

1）机器人初始化

```
S_T();
timer0_initial5();
EA=1;
system_initial();
start_=0;
```

2）机器人进站

```
FOLL_LINE(80,80,80,2);
TURN_90(1,50,50,2200,500,2);
FOLL_LINE(40,40,40,2);
jz();
```

3）机器人取件

```
pick(zyjl,cxqh,cwz1);
put(0,jcqh,jcwz1);
pick(zyjl,cqh,cwz1);
put(0,jcqh,jcwz1);
pick(zyjl,cxqh,cwz2);
put(0,jcqh,jcwz1);
pick(zyjl,cqh,cwz2);
put(0,jcqh,jcwz1);
hyd();
```

3）到目标工位摆放指定工件

```
FOLL_LINE(80,80,80,1);
jz();
pick(zyjl,cyb,cywz1);//工件编号依次为6\3\4\1\2\5
put(0,jyhjl,jywz3);
```

```
pick(zyjl,cyb,cywz2);
put(0,jyhjl,jywz2);
pick(zyjl,cym,cywz1);
put(0,jyqjl,jywz3);
pick(zyjl,cym,cywz2);
put(0,jyhjl,jywz1);
pick(zyjl,cyf,cywz1);
put(0,jyqjl,jywz2);
pick(zyjl,cyf,cywz2);
put(0,jyqjl,jywz1);
hyd();
FOLL_LINE(80,80,80,3);
TURN_90(r,50,50,2200,500,2);
FOLL_LINE(80,80,80,6);
TURN_90(l,50,50,2200,500,2);
FOLL_LINE(80,80,80,2);
TURN_90(r,50,50,2200,500,2);
FOLL_LINE(80,80,80,4);
TURN_90(r,50,50,2200,500,2);
FOLL_LINE(80,80,80,2);
yjp();
FOLL_LINE(80,80,80,1);
jz();                          //4号台
pick(0,jyhjl,jywz1);           //工件编号依次为1\3\6
put(zyjl,cyf,zywz);
pick(0,jyhjl,jywz2);
put(zyjl,cym,zywz);
pick(0,jyhjl,jywz3);
put(zyjl,cyb,zywz);
delay_ms(5000);
pick(0,jcqh,jcwz3);
put(zyjl,chjl,cxd);
pick(0,jcqh,jcwz4);
put(zyjl,cxqjl,cxg);
hyd();
FOLL_LINE(80,80,80,3);
TURN_90(r,50,50,2200,500,2);
FOLL_LINE(80,80,80,5);
yjp();
```

```
FOLL_LINE(80,80,80,2);              //1号台
stop(r1);
delay_ms(20000);                    //等待20秒
FOLL_LINE(80,80,80,2);
TURN_90(r,50,50,2200,500,2);
FOLL_LINE(80,80,80,4);
TURN_90(r,50,50,2200,500,2);
FOLL_LINE(80,80,80,43);
turn_45j();                         //3号台
pick(0,jyqjl,jywz1);                //工件编号依次为5\2\4
put(zyjl,cym,zywz);
pick(0,jyqjl,jywz2);
put(zyjl,cyf,zywz);
pick(0,jyqjl,jywz3);
put(zyjl,cyb,zywz);
delay_ms(5000);
pick(0,jcqh,jcwz5);
put(zyjl,cqjl,cxd);
pick(0,jcqh,jcwz6);
put(zyjl,cxhjl,cxd);
hyd();
turn_45zc();
FOLL_LINE(80,80,80,4);
TURN_90(l,50,50,2200,500,2);
FOLL_LINE(80,80,80,1);
yjp();
FOLL_LINE(80,80,80,1);
jz();                               //4号台
qtp(380);                           //取托盘,时间根据实际测量,或有改变
FOLL_LINE(80,80,80,4);
TURN_90(l,50,50,2200,500,2);
FOLL_LINE(80,80,80,6);
yjp();
FOLL_LINE(80,80,80,2);
jz();                               //2号台
ftp();                              //放托盘
```

5) 机器人回终点

```
FOLL_LINE(80,80,80,2);
TURN_90(l,50,50,2200,500,2);
```

```
FOLL_LINE(80,80,80,8);
hj();                              //回出发区
```

案例 5：编写机器人运行程序，在图 4-47 所示场地上按顺序完成比赛任务，图 4-46 为工件存放台工件初始摆放顺序。

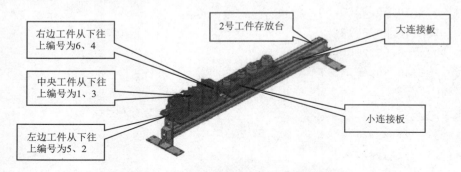

图 4-46 工件存放台工件摆放编号示意图

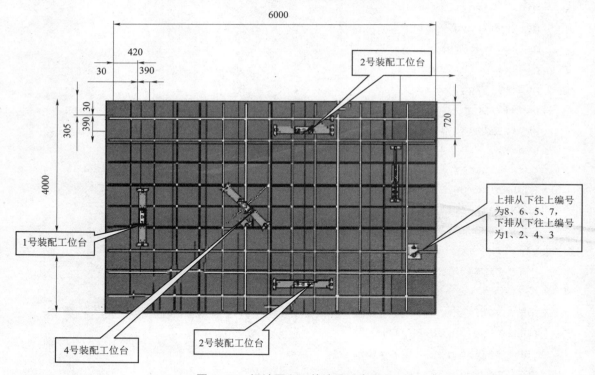

图 4-47 场地图和工件编号示意图

（1）机器人从起点出发，分别到装载台装载工件。

（2）完成第 1 步后，机器人按图 4-48 要求在 4 号装配台处先摆放 3 个梅花形工件；梅花形工件摆放完成后，由裁判放置圆柱形工件；机器人再摆放大小连接板。

（3）完成第 2 步后，机器人到达 2 号装配台，等待 20 秒；

（4）完成第 3 步后，机器人按图 4-49 要求在 1 号装配台处先摆放 3 个梅花形工件；梅花形工件摆放完成后，由裁判放置圆柱形工件；机器人再摆放大小连接板。

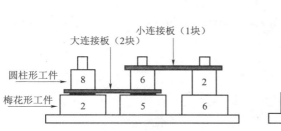
图4-48 4号装配台工件摆放要求示意图

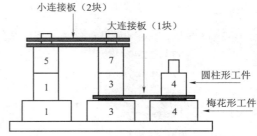
图4-49 1号装配台工件摆放要求示意图

（5）完成第4步后，机器人将4号装配台处的工件连同托盘一起托起，送到3号装配台处。

（6）机器人回到出发区，结束。

编程实施：

1）机器人初始化

```
S_T();
timer0_initial5();
EA=1;
system_initial();
start_=0;
```

2）机器人进站

```
FOLL_LINE(80,80,80,2);
TURN_90(1,50,50,2100,500,2);
FOLL_LINE(40,40,40,2);
jz();                              //到达装载台中位进站
```

3）机器人取件

```
pick(zyjl,cxqh,cwz1);              //取放长板，顺序为小、小、大、小、大、大
put(0,jcqh,jcwz1);
pick(zyjl,cxqh,cwz2);
put(0,jcqh,jcwz1);
pick(zyjl,cqh,cwz1);
put(0,jcqh,jcwz1);
pick(zyjl,cxqh,cwz3);
put(0,jcqh,jcwz1);
pick(zyjl,cqh,cwz2);
put(0,jcqh,jcwz1);
pick(zyjl,cqh,cwz3);
put(0,jcqh,jcwz1);
hyd();
```

4）到目标工位摆放指定工件

```
FOLL_LINE(40,40,40,1);
```

```
jz();                              //到达装载台前位
pick(zyjl,cyf,cywz1);              //取放梅花形工件 2\5\3\1\4\6
put(0,jyhjl,jywz3);
pick(zyjl,cyf,cywz2);
put(0,jyhjl,jywz2);
pick(zyjl,cym,cywz1);
put(0,jyqjl,jywz3);
pick(zyjl,cym,cywz2);
put(0,jyqjl,jywz2);
pick(zyjl,cyb,cywz1);
put(0,jyqjl,jywz1);
pick(zyjl,cyb,cywz2);
put(0,jyhjl,jywz1);
hyd();
FOLL_LINE(80,80,80,2);
TURN_90(r,50,50,2200,500,2);
FOLL_LINE(80,80,80,4);
turn_45j();                        //到达 4 号台
pick(0,jyhjl,jywz1);               //放梅花形工件 6\5\2
put(zyjl,zyb,zywz);
pick(0,jyhjl,jywz2);
put(zyjl,zym,zywz);
pick(0,jyhjl,jywz3);
put(zyjl,zyf,zywz);
delay_ms(5000);
pick(0,jcqh,jcwz1);
put(zyjl,cqjl,cxd);
pick(0,jcqh,jcwz2);
put(zyjl,cqjl,cxd);
pick(0,jcqh,jcwz3);
put(zyjl,cxhjl,cxd);
hyd();
turn_45yc();
FOLL_LINE(80,80,80,1);
TURN_90(r,50,50,2200,500,2);
FOLL_LINE(80,80,80,2);
FOLL_LINE(80,80,80,2);             //2 号台
stop(rl);
delay_ms(20000);                   //等待 20 秒
```

```
FOLL_LINE(80,80,80,2);
TURN_90(1,50,50,2200,500,2);
FOLL_LINE(80,80,80,1);
TURN_90(1,50,50,2200,500,2);
FOLL_LINE(80,80,80,1);
yjp();
FOLL_LINE(80,80,80,9);
TURN_90(1,50,50,2200,500,2);
FOLL_LINE(80,80,80,3);
jzz();                                //1号台
pick(0,jyqjl,jywz1);                  //摆放梅花形工件4\1\3
put(zyjl,zyb,zywz);
pick(0,jyqjl,jywz2);
put(zyjl,zyf,zywz);

pick(0,jyqjl,jywz3);
put(zyjl,zym,zywz);
delay_ms(5000);
pick(0,jcqh,jcwz4);
put(zyjl,chjl,cxd);
pick(0,jcqh,jcwz5);
put(zyjl,cxqjl,cxg);
pick(0,jcqh,jcwz6);
put(zyjl,cxqjl,cxg-9);
hyd();
FOLL_LINE(80,80,80,3);
TURN_90(1,50,50,2200,500,2);
FOLL_LINE(80,80,80,5);
TURN_90(1,50,50,2200,500,2);
FOLL_LINE(80,80,80,1);
TURN_90(r,50,50,2200,500,2);
FOLL_LINE(80,80,80,3);
TURN_90(1,50,50,2200,500,2);
FOLL_LINE(80,80,80,1);
TURN_90(1,50,50,2200,500,2);
FOLL_LINE(80,80,80,1);
turn_45j();                           //4号台
qtp(350);                             //取托盘
turn_45zc();
```

```
FOLL_LINE(80,80,80,1);
TURN_90(1,50,50,2200,500,2);
FOLL_LINE(80,80,80,6);
TURN_90(1,50,50,2200,500,2);
FOLL_LINE(80,80,80,3);
yjp();
FOLL_LINE(80,80,80,2);
jz();                                    //3号台
ftp();                                   //放托盘
```

5)机器人回终点

```
FOLL_LINE(80,80,80,2);
TURN_90(1,50,50,2200,500,2);
FOLL_LINE(80,80,80,8);
hj();                                    //回出发区
```

案例 6:编写机器人运行程序,在图 4-51 所示场地上按顺序完成比赛任务,图 4-50 为工件存放台工件初始摆放顺序。

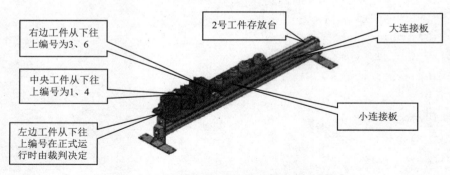

图 4-50 工件存放台工件初始摆放示意图

(1)机器人从起点出发,分别到装载台装载工件。

(2)完成第 1 步后,机器人按图 4-52 要求在 1 号装配台处先摆放 3 个梅花形工件;梅花形工件摆放完成后,由裁判放置圆柱形工件;机器人再摆放大小连接板。

(3)完成第 2 步后,机器人到达 4 号装配台,等待 20 秒。

(4)完成第 3 步后,机器人按图 4-53 要求在 3 号装配台处先摆放 3 个梅花形工件;梅花形工件摆放完成后,由裁判放置圆柱形工件;机器人再摆放大小连接板。

(5)完成第 4 步后,机器人将 1 号装配台处的工件连同托盘一起托起,送到 2 号装配台处。

(6)机器人回到出发区,结束。

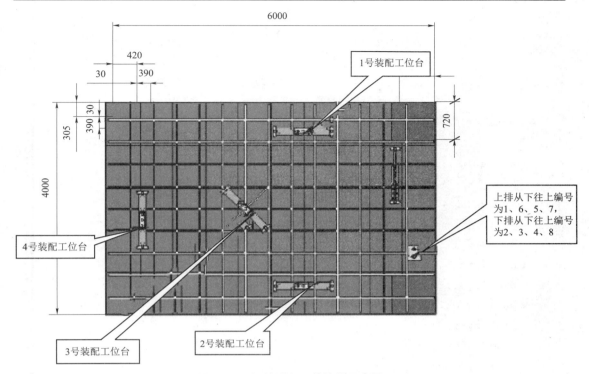

图 4-51 场地图和工件编号示意图

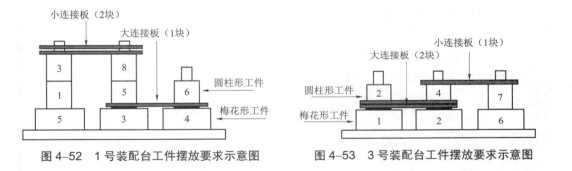

图 4-52 1号装配台工件摆放要求示意图   图 4-53 3号装配台工件摆放要求示意图

案例分析：由图 4-50 看到，工件装载台上左边梅花形工件编号不定，但是我们在编程的时候必须把所有的可能性都想到。实际运行过程，根据裁判锁定工件编号，选择机器人运行方案。左侧有 2 个梅花形工件，即有两种组合可能，这里利用传感器 PS_8 来选择方案（事先定义好参数 fangan=0）。

编程实施：

```
S_T();
timer0_initial5();
EA=1;
system_initial();


while(fangan==0)
```

```
    {
        if(start_==0) fangan=1;           //按下开始按钮,选择方案1
        SER_SEL(ps58);
        if(PS_8==0) fangan=2;             //触动PS_8,选择方案2
    }
if(fangan==1)
{
    FOLL_LINE(80,80,80,2);
    TURN_90(1,50,50,2200,500,2);
    FOLL_LINE(40,40,40,2);
    jz();
    pick(zyjl,cxqh,cwz1);                 //小、大、大、小、小、大
    put(0,jcqh,jcwz1);
    pick(zyjl,cqh,cwz1);
    put(0,jcqh,jcwz1);
    pick(zyjl,cqh,cwz2);
    put(0,jcqh,jcwz1);
    pick(zyjl,cxqh,cwz2);
    put(0,jcqh,jcwz1);
    pick(zyjl,cxqh,cwz3);
    put(0,jcqh,jcwz1);
    pick(zyjl,cqh,cwz3);
    put(0,jcqh,jcwz1);
    hyd();
    FOLL_LINE(40,40,40,1);
    jz();
    pick(zyjl,cyb,cywz1);                 //工件编号依次为6\3\4\1\2\5
    put(0,jyqjl,jywz3);
    pick(zyjl,cyb,cywz2);
    put(0,jyhjl,jywz3);
    pick(zyjl,cym,cywz1);
    put(0,jyhjl,jywz2);
    pick(zyjl,cym,cywz2);
    put(0,jyqjl,jywz2);
    pick(zyjl,cyf,cywz1);
    put(0,jyqjl,jywz1);
    pick(zyjl,cyf,cywz2);
    put(0,jyhjl,jywz1);
}
```

```
else
{
    FOLL_LINE(80,80,80,2);
    TURN_90(l,50,50,2200,500,2);
    FOLL_LINE(40,40,40,2);
    jz();
    pick(zyjl,cxqh,cwz1);          //小、大、大、小、小、大
    put(0,jcqh,jcwz1);
    pick(zyjl,cqh,cwz1);
    put(0,jcqh,jcwz1);
    pick(zyjl,cqh,cwz2);
    put(0,jcqh,jcwz1);
    pick(zyjl,cxqh,cwz2);
    put(0,jcqh,jcwz1);
    pick(zyjl,cxqh,cwz3);
    put(0,jcqh,jcwz1);
    pick(zyjl,cqh,cwz3);
    put(0,jcqh,jcwz1);
    hyd();
    FOLL_LINE(40,40,40,1);
    jz();
    pick(zyjl,cyb,cywz1);          //工件编号依次为 6\3\4\1\5\2
    put(0,jyqjl,jywz3);
    pick(zyjl,cyb,cywz2);
    put(0,jyhjl,jywz3);
    pick(zyjl,cym,cywz1);
    put(0,jyhjl,jywz2);
    pick(zyjl,cym,cywz2);
    put(0,jyqjl,jywz2);
    pick(zyjl,cyf,cywz1);
    put(0,jyhjl,jywz1);
    pick(zyjl,cyf,cywz2);
    put(0,jyqjl,jywz1);
}
hyd();
FOLL_LINE(80,80,80,2);
TURN_90(r,50,50,2200,500,2);
FOLL_LINE(80,80,80,1);
TURN_90(r,50,50,2200,500,2);
```

```
FOLL_LINE(80,80,80,5);
TURN_90(l,50,50,2200,500,2);
FOLL_LINE(40,40,40,2);
 jz();                                    //1号台
 pick(0,jyhjl,jywz1);                     //工件编号依次为5、4、3
 put(zyjl,zyf,zywz);
 pick(0,jyhjl,jywz2);
 put(zyjl,zyb,zywz);
 pick(0,jyhjl,jywz3);
 put(zyjl,zym,zywz);
 delay_ms(2000);
 pick(0,jcqh,jcwz1);
 put(zyjl,chjl,cxd);
 pick(0,jcqh,jcwz2);
 put(zyjl,cxqjl,cxg);
 pick(0,jcqh,jcwz3);
 put(zyjl,cxqjl,cxg-9);
 hyd();
FOLL_LINE(80,80,80,8);
TURN_90(l,50,50,2200,500,2);
FOLL_LINE(80,80,80,3);
FOLL_LINE(80,80,80,2);                    //4号台
 stop(rl);
 delay_ms(20000);                         //等待20秒
FOLL_LINE(80,80,80,2);
TURN_90(l,50,50,2200,500,2);
FOLL_LINE(80,80,80,5);
TURN_90(l,50,50,2200,500,2);
FOLL_LINE(80,80,80,1);
TURN_90(r,50,50,2200,500,2);
FOLL_LINE(80,80,80,3);
TURN_90(l,50,50,2200,500,2);
FOLL_LINE(80,80,80,1);
TURN_90(l,50,50,2200,500,2);
FOLL_LINE(80,80,80,1);
 turn_45j();                              //3号台
 pick(0,jyqjl,jywz1);                     //工件编号依次为2\1\6
 put(zyjl,zyf,zywz);
 pick(0,jyqjl,jywz2);
```

```
    put(zyjl,zyb,zywz);
    pick(0,jyqjl,jywz3);
    put(zyjl,zym,zywz);
    delay_ms(2000);
    pick(0,jcqh,jcwz1);
    put(zyjl,cqjl,cxd);
    pick(0,jcqh,jcwz2);
    put(zyjl,cqjl,cxd);
    pick(0,jcqh,jcwz3);
    put(zyjl,cxhjl,cxd);
    hyd();
//右转135°出站（turn_135yc，后面可直接调用）
    motor(l,f,60);
    motor(r,f,60);
    delay_ms(6000);         //需实际测量
    stop(rl);
    delay_ms(200);          //前进一段
    motor(r,f,40);
    motor(l,b,30);
    delay_ms(4500);         //需实际测量
    stop(rl);
    delay_ms(200);          //右转45°
/////////////////////////////////////////////////////////////////
    FOLL_LINE(80,80,80,6);
    TURN_90(l,50,50,2200,500,2);
    FOLL_LINE(80,80,80,2);
    TURN_90(l,50,50,2200,500,2);
    FOLL_LINE(40, 40, 40, 1);
    jz();                   //1号台
    qtp(350);               //取托盘
    FOLL_LINE(80,80,80,5);
    TURN_90(l,50,50,2200,500,2);
    FOLL_LINE(80,80,80,8);
    TURN_90(l,50,50,2200,500,2);
    FOLL_LINE(80,80,80,3);
    FOLL_LINE(40, 40, 40,2);
    jz();                   //2号台
    ftp();                  //放托盘
    FOLL_LINE(80,80,80,2);
```

```
    TURN_90(1,50,50,220C,500,2);
    FOLL_LINE(80,80,80,8);
    hj();                          //回到出发区
```

案例 7：编写机器人运行程序，在图 4-55 所示场地上按顺序完成比赛任务，图 4-54 为工件存放台工件初始摆放顺序。

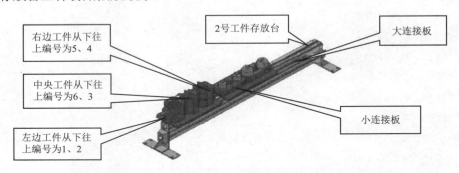

图 4-54 工件存放台工件初始摆放示意图

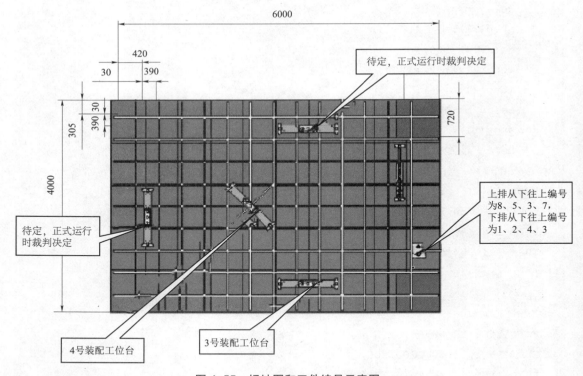

图 4-55 场地图和工件编号示意图

（1）机器人从起点出发，分别到装载台装载工件。

（2）完成第 1 步后，机器人按图 4-56 要求在 4 号装配台处先摆放 3 个梅花形工件；梅花形工件摆放完成后，由裁判放置圆柱形工件；机器人再摆放大小连接板。

（3）完成第 2 步后，机器人按图 4-57 要求在 3 号装配台处先摆放 3 个梅花形工件；梅花形工件摆放完成后，由裁判放置圆柱形工件；机器人再摆放大小连接板。

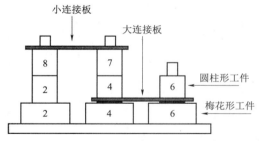
图 4-56　4 号装配台工件摆放要求示意图

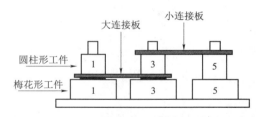
图 4-57　3 号装配台工件摆放要求示意图

（4）完成第 3 步后，机器人到达 2 号装配台，等待 20 秒；

（5）完成第 4 步后，机器人将 4 号装配台处的工件连同托盘与 3 号装配台处的工件连同托盘相互交换位置。

（6）机器人回出发区，结束。

编程实施：

```
S_T();
timer0_initial5();
EA=1;
system_initial();
while(fangan==0)
 {
      if(start_==0) fangan=1;
      SER_SEL(ps58);
      if(PS_8==0) fangan=2;
 }
if(fangan==1)
{
    FOLL_LINE(80,80,80,2);
    TURN_90(1,50,50,2200,500,2);
    FOLL_LINE(40,40,40,2);
    jz();
    pick(zyj1,cxqh,cwz1);
    put(0,jcqh,jcwz1);
    pick(zyj1,cqh,cwz1);
    put(0,jcqh,jcwz1);
    pick(zyj1,cxqh,cwz2);
    put(0,jcqh,jcwz1);
    pick(zyj1,cqh,cwz2);
    put(0,jcqh,jcwz1);
    hyd();
```

```
FOLL_LINE(40,40,40,1);
jz();
pick(zyjl,cyf,cywz1);              //工件编号依次为 2\1\3\6\4\5
put(0,jyhjl,jywz3);
pick(zyjl,cyf,cywz2);
put(0,jyqjl,jywz3);
pick(zyjl,cym,cywz1);
put(0,jyqjl,jywz2);
pick(zyjl,cym,cywz2);
put(0,jyhjl,jywz2);
pick(zyjl,cyb,cywz1);
put(0,jyhjl,jywz1);
pick(zyjl,cyb,cywz2);
put(0,jyqjl,jywz1);
hyd();
FOLL_LINE(80,80,80,2);
TURN_90(r,50,50,2200,500,2);
FOLL_LINE(80,80,80,4);
turn_45j();                         //4号台
pick(0,jyhjl,jywz1);                //工件编号依次为 4\6\2
put(zyjl,zym,zywz);
pick(0,jyhjl,jywz2);
put(zyjl,zyb,zywz);
pick(0,jyhjl,jywz3);
put(zyjl,zyf,zywz);
delay_ms(2000);
pick(0,jcqh,jcwz3);
put(zyjl,chjl,cxd);
pick(0,jcqh,jcwz4);
put(zyjl,cxqjl,cxg);
hyd();
turn_135yc();
FOLL_LINE(80,80,80,6);
TURN_90(r,50,50,2200,500,2);
FOLL_LINE(80,80,80,5);
TURN_90(r,50,50,2200,500,2);
FOLL_LINE(40, 40, 40, 1);
jz();                               //3号台
pick(0,jyqjl,jywz1);                //工件编号依次为 5\3\1
```

```
    put(zyjl,zyb,zywz);
    pick(0,jyqjl,jywz2);
    put(zyjl,zym,zywz);
    pick(0,jyqjl,jywz3);
    put(zyjl,zyf,zywz);
    delay_ms(2000);
    pick(0,jcqh,jcwz5);
    put(zyjl,cqjl,cxd);
    pick(0,jcqh,jcwz6);
    put(zyjl,cxhjl,cxd);
    hyd();
    FOLL_LINE(80,80,80,7);
    TURN_90(r,50,50,2200,500,2);
    FOLL_LINE(80,80,80,1);
    FOLL_LINE(40,40,40,2);                    //2号台
    stop(rl);
    delay_ms(20000);                          //等待20秒
    FOLL_LINE(80,80,80,2);
    TURN_90(r,50,50,2200,500,2);
    FOLL_LINE(80,80,80,7);
    TURN_90(r,50,50,2200,500,2);
    FOLL_LINE(80,80,80,3);
    TURN_90(r,50,50,2200,500,2);
    FOLL_LINE(80,80,80,1);
    turn_45j();                               //4号台
}
else
{
    FOLL_LINE(80,80,80,2);
    TURN_90(l,50,50,2200,500,2);
    FOLL_LINE(40,40,40,2);
    jz();
    pick(zyjl,cxqh,cwz1);
    put(0,jcqh,jcwz1);
    pick(zyjl,cqh,cwz1);
    put(0,jcqh,jcwz1);
    pick(zyjl,cxqh,cwz2);
    put(0,jcqh,jcwz1);
    pick(zyjl,cqh,cwz2);
```

```
    put(0,jcqh,jcwz1);
    hyd();
    FOLL_LINE(40,40,40,1);
    jz();
    pick(zyjl,cyf,cywz1);              //工件编号依次为 2\1\3\6\4\5
    put(0,jyhjl,jywz3);
    pick(zyjl,cyf,cywz2);
    put(0,jyqjl,jywz3);
    pick(zyjl,cym,cywz1);
    put(0,jyqjl,jywz2);
    pick(zyjl,cym,cywz2);
    put(0,jyhjl,jywz2);
    pick(zyjl,cyb,cywz1);
    put(0,jyhjl,jywz1);
    pick(zyjl,cyb,cywz2);
    put(0,jyqjl,jywz1);
    hyd();
    FOLL_LINE(80,80,80,2);
    TURN_90(r,50,50,2200,500,2);
    FOLL_LINE(80,80,80,4);
    turn_45j();                        //4号台
    pick(0,jyhjl,jywz1);               //工件编号依次为 4\6\2
    put(zyjl,zym,zywz);
    pick(0,jyhjl,jywz2);
    put(zyjl,zyb,zywz);
    pick(0,jyhjl,jywz3);
    put(zyjl,zyf,zywz);
    delay_ms(2000);
    pick(0,jcqh,jcwz3);
    put(zyjl,chjl,cxd);
    pick(0,jcqh,jcwz4);
    put(zyjl,cxqjl,cxg);
    hyd();
    turn_135yc();
    FOLL_LINE(80,80,80,6);
    TURN_90(r,50,50,2200,500,2);
    FOLL_LINE(80,80,80,5);
    TURN_90(r,50,50,2200,500,2);
    FOLL_LINE(40, 40, 40,1);
```

```
        jz();                              // 3号台
        pick(0,jyqjl,jywz1);               //工件编号依次为 5\3\1
        put(zyjl,zyb,zywz);
        pick(0,jyqjl,jywz2);
        put(zyjl,zym,zywz);
        pick(0,jyqjl,jywz3);
        put(zyjl,zyf,zywz);
        delay_ms(2000);
        pick(0,jcqh,jcwz5);
        put(zyjl,cqjl,cxd);
        pick(0,jcqh,jcwz6);
        put(zyjl,cxhjl,cxd);
        hyd();
        FOLL_LINE(80,80,80,5);
        TURN_90(r,50,50,2200,500,2);
        FOLL_LINE(80,80,80,7);
        TURN_90(r,50,50,2200,500,2);
        FOLL_LINE(80,80,80,3);
        yjp();
        FOLL_LINE(80,80,80,2);             //2号台
        stop(rl);
        delay_ms(20000);                   //等待20 秒
        FOLL_LINE(80,80,80,2);
        TURN_90(r,50,50,2200,500,2);
        FOLL_LINE(80,80,80,4);
        TURN_90(r,50,50,2200,500,2);
        FOLL_LINE(80,80,80,3);
        turn_45j();                        //4号台
}
    qtp(350);                              //取托盘
    turn_45zc();
    FOLL_LINE(80,80,80,1);
    TURN_90(l,50,50,2200,500,2);
    FOLL_LINE(80,80,80,6);
    TURN_90(l,50,50,2200,500,2);
    FOLL_LINE(80,80,80,3);
        jz();                              //3号台后位
        ftp();                             //放托盘
        FOLL_LINE(40,40,40,1);
```

```
jz();                            //3号台中位
qtp(350);                        //取托盘
FOLL_LINE(80,80,80,3);
TURN_90(l,50,50,2200,500,2);
FOLL_LINE(80,80,80,3);
TURN_90(l,50,50,2200,500,2);
FOLL_LINE(80,80,80,3);
stop(rl);
delay_ms(200);
motor(l,f,40);
motor(r,f,40);
delay_ms(2700);
stop(rl);
delay_ms(200);
motor(l,f,40);
motor(r,b,30);
delay_ms(1600);
stop(rl);
delay_ms(200);
motor(l,f,40);
motor(r,f,45);
delay_ms(2000);
stop(rl);
delay_ms(200);
jz();                            //4号台前位
ftp();                           //放托盘
motor(l,f,40);
motor(r,f,40);
delay_ms(2000);
stop(rl);
delay_ms(200);
jz();
turn_135yc();
FOLL_LINE(80,80,80,6);
TURN_90(l,50,50,2200,500,2);
FOLL_LINE(80,80,80,2);
hj();                            //回出发区
```

4.7 巩固练习

一、单选题

1. STC12C5A60S2 是（　　）。
   A. CPU   B. 逻辑处理器   C. 单片微机   D. 控制器
2. 人们实现对机器人的控制不包括（　　）。
   A. 输入   B. 输出   C. 程序   D. 反应
3. 机器人感知自身或者外部环境变化信息是依靠（　　）。
   A. 传感系统   B. 机构部分   C. 控制系统   D. 以上都包括
4. 1 片 LMD18200 可以控制（　　）台直流电机的正反转。
   A. 1   B. 2   C. 3   D. 4
5. 函数 stop(lr) 实现的功能是（　　）。
   A. 停止左电机   B. 停止右电机
   C. 同时停止左右电机   D. 以上都不是
6. S_T() 函数包括（　　）。
   A. 端口设置、PCA 时钟源   B. 控制寄存器、计数初值
   C. 启动按键   D. 以上都是
7. 下图中，若 LPWM=0V，LDIR=5 V，则接在 OUT1 和 OUT2 之间的直流电机运行状态为（　　）。

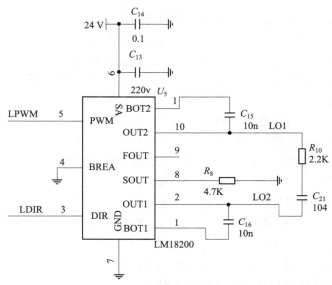

A. 正转   B. 反转   C. 不转   D. 无法判定

8. DJ3_SX(xx, wz2)，表示手爪下降到位置 2，检测的是（　　）。
   A. 接近开关 S05   B. 接近开关 S06

C. 接近开关 S08　　　　　　　　　　D. 接近开关 S09

9. 机器人在循线中，向右偏离中央，可以采取（　　）法使之回到中央。
A. 右轮加速，左轮减速　　　　　　B. 右轮减速，左轮加速
C. 左右轮转速不变　　　　　　　　D. 左右轮反转

10. 机器人需要右转 90°，（　　）操作使之转弯半径最小。
A. 右轮比左轮快，转向不变　　　　B. 右轮转向不变，左轮反转
C. 左轮转向不变，右轮反转　　　　D. 左轮比右轮快，转向不变

二、判断题

1. (　　) STR12–280 机器人采用了循线运行方式。
2. (　　) FOLL_FINE(70，70，70，3)表示平台沿引导线前进检测到 3 条交叉引导线。
3. (　　) 函数 motor(r，f，50)中 r 是左行走电机。
4. (　　) 函数 motor(r，f，50)中 f 是前进。
5. (　　) STR12–280 机器人上部机构的 4 个直流电机转速是可调的。
6. (　　) 在允许的条件下，单片机的晶振频率越高，单片机指令执行时间越短。
7. (　　) S_T()函数只需在主程序开始时调用一次即可。
8. (　　) delay_ms(T)函数参数 T 的取值范围是 1~65536。
9. (　　) 函数 motor(DJ1，f，n)中 n 不可以任意写。
10. (　　) 使用旋转 90°函数 TURN_90 让机器人左转 270 度最简单快速的方式是让机器人右转 90 度。

三、多选题

1. 采取以下（　　）方法来保证得到结构化的程序。
A. 自顶向下　　　　　　　　　　　B. 逐步细化
C. 模块化设计　　　　　　　　　　D. 结构化编码

2. 结构化程序由若干模块组成，每个模块中包含若干基本结构，这些基本机构有（　　）。
A. 顺序结构　　B. 选择结构　　C. 分支结构　　D. 循环结构

3. 流程图是表示算法的较好的工具。一个流程图包括（　　）。
A. 表示相应操作的框　　　　　　　B. 带箭头的流程线
C. 框内外必要的文字说明　　　　　D. 源代码

4. 下列哪些是 8051 单片机的中断矢量地址（　　）？
A. 0003 H　　　B. 0007 H　　　C. 0013 H　　　D. 001 BH

5. 下面描述正确的有（　　）。
A. C51 源程序中包含一个名为"main()"的主函数
B. C51 程序的执行总是从 main()函数开始的
C. 当主函数中所有语句执行完毕，则程序执行结束
D. C51 源程序中可以有多个主函数

四、思考题

1. 机器人 STR12-280 上肢电机有几只？能实现什么动作？
2. 机器人 STR12-280 底盘电机有几只？能实现什么动作？
3. 控制机器人 STR12-280 完成手爪夹紧动作，需要用到哪些软件，分几步操作？
4. 如机器人已经进站，要取站内左则 6 个梅花形工件（无编号），试编写其上肢动作控制程序。
5. 试在图 4-33 所示场地图上，用 5 条不同的线路从出发区去 3 号工位，并从中选出最优的线路。
6. 试独立操作机器人 STR12-280，完成手爪下降至中间位置后手爪夹紧动作，编写控制程序并记录出现的问题。
7. 机器人 STR12-280 从工作站取 6 个梅花形工件（无编号），需要多少次手爪动作？
8. 如果机器人从出发区出发，第一次未顺利进站，该如何调整？
9. 机器人在任务过程中，发现到目标工位出错，应如何操作？试分析可能原因。
10. 将情境拓展任务工作站前后位置梅花形工件交换，试重新编写控制程序，完成任务。

学习情境 5　机器人 STR12-280 的维护

5.1　情境描述

本章节主要介绍机器人 STR12-280 的维护，包括机器人维护原则，机器人的组件维护与保养和机器人维护与修理。

5.2　学习目标

5.2.1　知识目标

（1）了解机器人 STR12-280 内部工作原理。
（2）理解机器人维护与保养的目的和原则。
（3）掌握机器人电源、机械、电气组件的维护与保养方法及注意事项。
（4）掌握机器人常见故障处理手段，分析故障原因，及时排除故障。

5.2.2　技能目标

（1）能在生产或学习实践中，遵守机器人维护原则，安全有序地做好机器人保养与维护工作。
（2）会填写机器人点检卡，发现问题及时处理。
（3）能排除机器人出现的一些常见故障。
（4）能在分组任务学习过程中，锻炼团队协作能力。

5.3　任务实施

学习任务 1　机器人维护原则

【任务描述】

本任务主要学习机器人设备管理与维护的基本原则，可简要归纳为"三好""四会"

"五纪律"。

【任务实施】

1. "三好"

机器人的维护要规范化、系统化,并具有可操作性,基本要求可概括为"三好",即"管好、用好、修好"。

1) 管好机器人

机器人的维护保养必须要有专门的管理人员,管理员要掌握企业(或实验室)机器人的数量、质量及其变动情况,合理配置机器人设备。严格执行关于机器人设备的移装、调拨、借用、出租、封存、报废、改装及更新的有关管理制度,保证财产的完整齐全,保持其完好和价值。而机器人设备操作人员则必须管好机器人的使用,未经上级批准不准他人使用,使用前安排培训,达到要求后执行持证上岗,杜绝无证操作现象。

2) 用好机器人

企业管理者(或实验室负责人)应教育机器人操作人员正确使用和精心维护好机器人设备,生产(或学习)应依据机器的能力合理安排,不得有超性能使用和拼设备之类的短期化行为。操作人员必须严格遵守操作维护规程,不超负荷使用及采取不文明的操作方法,要认真进行日常保养和定期维护,使机器人设备保持"整齐、清洁、润滑、安全"的标准。

3) 修好机器人

企业安排机器人生产(或实验室安排机器人培训)时应考虑和预留维修时间,防止机器人"带病"运行。操作人员要配合维修人员修好设备,及时排除故障。要贯彻"预防为主,养为基础"的原则,实行计划预防修理制度,广泛采用新技术、新工艺,保证修理质量,缩短停机时间,降低修理费用,提高机器人的各项技术经济指标。

2. "四会"

"四会"即"会用、会养、会查、会排"。具体为:

1) 会使用

机器人操作人员在具体操作前应熟悉设备结构、技术性能和操作方法,懂得操作流程。会合理选择机器人承载质量、运行速度等性能参数,按技术文件操作,正确地使用机器人设备。

2) 会保养

会按技术说明书,在机器人设备规定部位加油、换油,保持油路畅通,油品正确、合格。会按规定进行一级保养,保持设备内外清洁,做到无油垢、无脏物,"漆见本色铁见光"。如机器人有电池,则要注意充电周期与充电时长,避免长时间不充电,以及充电不足或过充现象。

3) 会检查

会检查与机器人工作精度有关的检验项目,并能进行适当调整。会检查安全防护和保险装置,防止意外。

4) 会排故

能通过机器人工作时不正常的声音、温度和运转情况等,发现机器人设备的异常状态,并能判定异常状态的部位和原因,及时采取措施排除故障。

3. "五纪律"

(1) 凭证使用机器人设备,遵守安全使用规程。
(2) 保持机器人设备清洁,并按规定润滑。
(3) 遵守机器人设备的交接班制度。
(4) 管好工具、附件,不得遗失。
(5) 发现异常,立即停止机器人动作,及时排故或上报。

学习任务 2　机器人组件维护与保养

【任务描述】

本任务主要学习机器人组件的维护与保养,机器人组件主要包括机器人电源部分、机器人机械部件和机器人电气部件。

【任务实施】

1. 电源维护与保养

1) 机器人 STR12-280 电池介绍

机器人 STR12-280 由 2 块 12 V 铅酸蓄电池供电,电池为韩国 UNION 公司产品,型号为 MX12020,额定容量为 2 AH,额定电压为 12 V,外形尺寸为 178 mm×34 mm×65 mm,重量为 0.88 kg。机器人工作时,2 块 12 V 蓄电池串联,主控制板、传感器信号处理板和电机驱动板 3 块机器人控制电路板由单块蓄电池供电,供电额定电压 12 V;而机器人上所有电机(包含上肢机构 BJ1～BJ3、手爪电机 DJ1、平叉电机 DJ2～DJ3 和左右行走电机,共 8 只)由双块蓄电池供电,供电额定电压 24 V。

2) 机器人 STR12-280 充电器说明

机器人 STR12-280 的充电器是专为该型号机器人设计的,输入电压范围 AC100-240 V,输出 DC13.8 V,1500 mA,充电器输出两端为鳄鱼夹,红线接电瓶正极,黑线接电瓶负极,充电时为蓝色灯亮,充满后转为红色灯亮。充电器带全保护功能,即有短路、过载、过流、反接保护。

3) 电源维护与保养

(1) 正确使用充电器。充电器虽然有保护功能,但充电时切勿正负反接,注意充电时长,如需用电压表检测,则此款充电器必须接上电瓶后数据才有效。图 5-1 为充电器正常给电池充电,注意正反和指示灯。

(2) 避免充电不足、过充及过放电。如果铅酸电池长期处于充电不足状态,负极就会逐渐形成一种粗大坚硬的硫酸铅,它几乎不溶解,用常规方法很难使它转化为活性物质,从而减少了电池容量,甚至成为电池寿命终止的原因。蓄电池在长期过充电状态下,正极因析氧反应,水被消耗,氢离子浓度增加,导致正极附近酸度增加,板栅腐蚀加速,使电池容量降低,从而影响电池寿命。蓄电池长时间为负载供电,当蓄电池被过度放电到终止电压或更低时,导致电池内部有大量的硫酸铅被吸附到蓄电池的阴极表面,在阴极上形成的硫酸铅越多，蓄电池的内阻越大，蓄电池的充放电性能越差，使用寿命就越短。一次深度的过放电可能会使电池的使用寿命减少1～2年，甚至造成电池的报废。

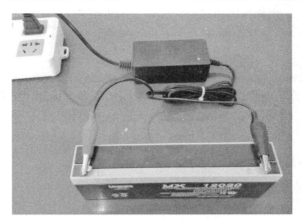

图 5-1　充电器正确充电

（3）温度要适宜。温度对蓄电池使用寿命的影响很大，温度的升高，将加速电池板栅的腐蚀并增加电池中水分的损失，从而使电池寿命大大缩短。一般情况下，温度每升高10℃，电池使用寿命将减少50%，温度越高影响越大。在通信设备用阀控密封铅酸蓄电池行业标准中规定，高温加速浮充寿命试验是以环境温度55℃下42天的一个充放电试验折合一年的正常使用寿命。由此可见高温对电池寿命的影响，蓄电池的最佳使用温度为20℃～25℃。

（4）注意使用环境。蓄电池使用时应远离热源和易产生火花的地方，最好在清洁的环境中使用，电池室应通风良好，无太阳照射。

（5）日常维护。个别维护人员往往受蓄电池冠以"免维护"名称的影响，错误地认为阀控式电池无须维护，从而对其不闻不问。其实蓄电池的变化是一个渐进的过程，为保证电池的良好状态，做好运行记录是相当重要的。每月应检查的项目如下：单体和电池组浮充电压；电池的外壳有无变形、膨胀、渗液；极柱、安全阀周围是否有渗液和酸雾溢出；连接条是否拧紧等。

（6）容量测试。12 V电池应每年进行一次容量测试放电，放出额定容量的80%。详细记录放电过程中各单体电压和电池组总电压，进行分析，及时更换容量较差的单体电池。

（7）如机器人长期不使用，请务必将电池组充满电，并关闭所有电源开关。

2. 机械部件维护与保养

1）运动部件润滑

机器人上所有运动部件之间要充分润滑，运动原理不同还需注意采用不同的润滑方式，如平移线性导轨副采用润滑油，丝杠、轴承采用油脂等。另外，在润滑时为保证润滑油分布均匀，以及去除颗粒状微尘的考虑，安装时可将润滑油先倒在手掌，然后用手指均匀涂抹，以防擦伤。

2）弹性配件防失效

弹性挡圈、缓冲弹簧因长期、反复受力，在失效前要及时更换。另外，机器人STR12-280车轮与手爪为增加摩擦力采用了O型圈，安装时注意不要将O型圈扭曲，当使用一段时间后目测 O 型圈上裂纹增多、深度加深时则需及时更换。

3）连接件日常检查

机器人 STR12-280 零部件连接以螺栓为主，由于机器人长期工作，或反复振动，连接件需日常检查，以防松动，甚至掉落。

4）同步带保养

机器人 STR12-280 上肢部件中有平移同步带，底盘部件车轮采用同步带传动，同步带在工作时要检查张紧是否合适，过紧会造成能量损耗过多、运动不到位等现象，过松则会出现手爪定位不准确、车轮打滑现象。如机器人长时间不用时，应卸下机器人同步带，以增加皮带寿命。

3. 电气部件维护与保养

1）电机维护与保养

机器人 STR12-280 全身共有 8 个直流电机，3 个步进电机、3 个上肢机构功能电机（DJ1-DJ3）和 2 个左右行走电机，维护保养需注意：

（1）密封。8 个直流电机内均含减速齿轮，这些齿轮小而精密，要注意密封，防止灰尘等杂质进入电机内部，打坏齿轮或增加阻尼。

（2）正确连接。8 个直流电机正反转均有对应的功能，切勿接反。

（3）散热。电机工作时散热要通畅，环境温度要适宜，20 ℃～25 ℃为最佳工作温度。

（4）保持干燥。

（5）手动注意速度。手动推动机器人 STR12-280 时，必须关闭所有电源开关，推动速度不宜过快，以免电机反相电动势过大损坏驱动器。

（6）及时停止。一旦电机出现不正常现象（如过载、过热、振动、噪声异常），须立刻断电停电机，检查状况。

2）传感器维护与保养

机器人 STR12-280 全身共有 9 个红外传感器（S01～S09）、一个光纤传感器（S10）和 8 路循迹传感器两个大类，维护保养需注意：

（1）传感器出线保护。传感器出线（电源线、地线、信号线）端，切勿过度弯曲或扭曲变形，在实际安装、使用过程中，接近 80%的传感器故障都出自出线端内部线头断裂，而折弯、扭曲是主要原因。

（2）探测距离恰当。红外传感器一般情况下，有一个最佳工作点，只有工作在最佳工作点时，效果才最明显。

（3）防止受压。尤其是 8 路光学循迹传感器，因其安装在机器人底盘前部下方，搬运过程中注意不得重压循迹传感器。

（4）切勿过载。

（5）注意防潮、防震、防腐。

3）线路板与导线维护与保养

机器人 STR12-280 有 3 块控制电路板，分别是主控制板、传感器信号处理板和电机驱动板。线路板上都是电子元器件，平时要防潮、防震，轻拿轻放，工作时注意电压和电流，不可过载，否则会烧芯片。线路板上插座接插插头时，要控制受力，防止底部焊盘掉落。

机器人上电气连接导线要注意绝缘,经常检查,防止破皮、破损,运动部件处导线注意有无卡死,发现意外及时断电。

学习任务 3　机器人维护与修理

【任务描述】

本任务主要学习机器人设备如何维护,包括日常维护和定期维护,以及机器人设备常见故障及处理方法。

【任务实施】

1. 日常检查

机器人的日常检查是一项由操作人员和维修人员每天执行的例行维护工作中的一项主要工作,其目的是及时发现机器人运动的不正常情况,并予以排除。检查手段主要是利用人的感官、简单的工具或设备上仪表和信号标志,如电压表、内六角扳手、游标卡尺等检测仪表和机器人本身的工作警示灯、线路板上指示灯等。

日常点检是日常检查的一种好方法。所谓点检,是指为了维护机器人规定的机能,按照标准要求(通常是利用点检卡)对机器人的某些指定部位,通过人的感觉器官(目视、手触、问诊、听声、嗅诊)和检查仪器,进行有无异状的检查,使各部分的不正常现象能够及早发现。点检的作用如下:

(1) 能早期发现机器人的隐患和劣化程度,以便采取有效措施及时加以消除,避免因突发故障而影响工作,增加维修费用,缩短机器人寿命,影响安全卫生。

(2) 可以减少重复故障出现频率,提高开动率。

(3) 可以使操作人员交接班内容具体化、格式化,易于执行。

(4) 可以对单台机器人设备的运转情况积累资料,便于分析、摸索维修规律。

因此点检是一项非常重要的工作,它是机器人管理、维护重要的基础工作,是编制维修计划的重要依据。表 5-1 为机器人 STR12-280 的维护点检表。

表 5-1　机器人 STR12-280 点检卡

设备编号_____　型号_____

序号	点检内容	1	2	3	…	30	31
1	检查蓄电池总电压是否正常(24 V±2 V)						
2	检查蓄电池单块电池电压是否正常(12 V±1.5 V)						
3	检查运动部件有无卡阻现象						
4	检查运动部件润滑是否到位						
5	检查零部件有无生锈						
6	检查导线有无破损现象						

续表

序号	点检内容	1	2	3	…	30	31
7	检查端子排接线是否紧固						
8	检查同步带张紧是否合适						
9	检查弹性零部件有无失效						
10	检查上电后各信号指示灯是否正常						
11	检查机器人动作时有无异响						
备注							

点检工作一经推行，就应严格执行。操作人员通过感观进行点检后，应按日、按规定符号认真做好记录。维修人员根据标志符号对有问题的项目及时进行处理。凡是设备有异状而操作人员没有点检出来的，由操作人员负责；已点检出来的，维修人员没有及时采取措施解决问题的，由维修人员负责。

为避免点检工作流于形式，使点检和填写点检卡这一工作能够持久、认真地进行，必须注意以下几点：

（1）在实践中发现毫无意义的项目，以及很长时间内（如 6~12 月）一次问题也没有发生过的项目，应从点检卡中删除（涉及安全及保险装置的除外）。

（2）经常出现异常而又未列入点检项目的部位（因而未能及时发现这些部位的异常情况），应加入点检项目中。

（3）判断标准不确切的项目，应重新修订。

（4）作业能力不合格的操作人员，不应勉强其承担点检任务。

（5）维修人员要实行巡回检查制度，点检结果发现有异常情况后应及时解决，不可置之不理，不能解决的，也应说明原因，并向上级报告。

（6）点检记录手续不要太烦琐，要力求简便。

2. 定期检查

定期检查是以维修人员为主，操作人员参加，定期对设备进行的检查，其目的是发现并记录设备的隐患、异常、损坏及磨损情况。记录的内容，作为设备档案资料，需要进行分析处理，以便确定修理的部位、更换的零部件、修理的类别和时间，安排修理。

定期检查是一种有计划的预防性检查，检查间隔期一般在一个月以上。检查的手段除用人的感官外，主要是用检查工具和测试仪器，按定期检查卡上的要求逐条执行。在检查过程中，凡能通过调整予以排除的缺陷，应边检查边排除，并配合进行清除污垢及清洗换油。因此在生产实际中，定期检查往往与定期维护结合进行。若定期检查或日常检查发现有紧急问题，可及时的口头向设备管理部门反映，然后补办手续，以便尽快安排修理。

机器人定期维护（定期保养）是在维修人员辅导配合下，由操作人员进行的定期维修作业，按设备管理部门的计划执行。机器人定期维护的主要内容有如下个方面。

1）每月维护

（1）机器人 STR12-280 关键机械部件，防锈处理。

(2) 检查、清洁或更换电气连接导。
(3) 检查全部按钮和指示灯是否正常。
(4) 检查全部传感器是否正常。
(5) 检查全部直流电机有无卡阻、不畅。
(6) 全面查看安全防护设施是否完整牢固。

2) 每季维护

(1) 拆卸机器人零部件，润滑与防锈处理。
(2) 检查所有单块蓄电池，及时替换性能下降过快或不合格电池。
(3) 检查所有线路板与端子排焊盘是否牢固。
(4) 检查所有弹性零部件有无失效，及时更换。
(5) 检查机械传动间隙是否合适，及时调整。

3) 每半年维护

(1) 检查机器人润滑油（或油脂）油品。
(2) 拆卸机器人零部件，逐个检查磨损量，尤其是铝件螺纹内孔，有不合格的及时更换。
(3) 检查并调整机器人传动丝杠负荷，清洗丝杠并涂新油。
(4) 检查、调整机器人坦克链，视情况更换某些节段。
(5) 清洁机器人控制线路板，替换松动插座。

3. 常见故障及处理

机器人 STR12-280 常见故障分机械和电气两部分，其现象、产生原因及解决方法如表 5-2、表 5-3 所示。

表 5-2 机械部分常见故障与处理

现象	原因	处理
车轮不动	螺钉松动，卡住带轮	拧紧车轮同步带轮处螺钉
托盘未取到	平叉安装不到位	调整平叉
手爪定位不准确	同步带装配过松	张紧同步带
平叉导杆有划痕	直线轴承内滚珠掉落	更换直线轴承
平叉丝杠伸出超过安全距离	平叉前伸限位块过右	调节平叉前伸限位块
运动时手爪下降	手爪升降阻尼过紧	手爪升降阻尼的螺母
螺栓拧不紧	零件内螺纹破坏	更换零件或重新攻螺纹
车轮打滑	O 型圈弹性失效或裂纹过多	更换 O 型圈，注意有无扭曲
平移线性导轨副生锈	环境潮湿或未润滑	去锈，加注润滑油
运动时手爪夹紧工件掉落	手爪传感器距离太近	调节手爪传感器

表 5-3　电气部分常见故障与处理

现象	原因	处理
电机不运行	接触不良	更换排线，检查电机插头和焊点
电机不能反转	接触不良，驱动三极管损坏	更换排线、驱动三极管
发光管不亮	发光管烧毁	更换白发红高亮发光管
循线传感信号过强、过弱	传感器安装位置过高、过低	调节传感器高度（调节垫片）
循线指示灯常亮	没有输入信号	检查输入信号
循线指示灯常灭	接触不良	检查焊点
动作不连续，时断时续	接触不良	插座松动，端子排处螺钉未拧紧
工作警示灯常亮	电容烧毁	更换电容
某路传感器不工作	接触不良，导线破皮，传感器损坏	检查导线，更换传感器
控制电路板电源指示灯不亮	电路板不得电	检查电源芯片，更换烧毁件

5.4　任务总结

通过本章节任务的学习，学生可以熟练掌握以下内容：
（1）机器人的维护原则。
（2）机器人组件（包括电源、机械、电气部件）的维护与保养方法及注意事项。
（3）机器人的日常检查与定期检查，会填点检卡。
（4）分析机器人 STR12-280 的常见故障，并能及时处理。

5.5　任务评价

任务评价见表 5-4。

表 5-4　任务评价表

情境名称		学习情境 5 机器人 STR12-280 的维护		
评价方式	评价模块	评价内容	分值	得分
自评 40%	学习能力	逐一对照情境学习知识目标，根据实际掌握情况打分	10	
	动手能力	逐一对照情境学习技能目标，根据实际掌握情况打分	10	
	协作能力	在分组任务学习过程中，自己的团队协作能力	5	
	完成情况	学习任务 1 完成程度	5	
		学习任务 2 完成程度	5	
		学习任务 3 完成程度	5	

续表

评价方式	评价模块	评价内容	分值	得分
组评 30%	组内贡献	组内测评个人在小组任务学习过程中的贡献	10	
	团队协作	组内测评个人在小组任务学习过程中的协作程度	10	
	技能掌握	对照项目技能目标，组内测评个人掌握程度	10	
师评 30%	学习态度	个人在情境学习过程中，参与的积极性	10	
	知识构建	个人在情境学习过程中，知识、技能掌握情况	10	
	创新能力	个人在情境学习过程中，表现出的创新思维、动作、语言等	10	
学生姓名		小组编号		总分	100	

5.6 情境拓展

5.6.1 如何制定点检卡

1）点检内容选择

点检内容一般以选择对机器人生产产量、质量、成本以及对设备维修费用和安全环保这五个方面会造成较大影响的部位为点检项目较为适宜。具体可包括机器人下列部位。

（1）影响人身或设备安全的保护、保险装置。
（2）直接影响产品质量的部位。
（3）在工作过程中需要经常调整的部位。
（4）易被堵塞、污染的部位。
（5）易磨损、损坏的零部件。
（6）易老化、变质的零部件。
（7）需经常清洗和更换的零部件。
（8）应力集中或特大的零部件。
（9）经常出现故障现象的部位。
（10）工作参数、状态的指示装置。

2）点检卡制定流程

（1）制定点检标准文件。由设备技术人员根据机器人设备设计说明书、使用说明书、有关的技术资料、同类设备情报资料和以往经验制定完成。
（2）协商研究。由机器人设备维修人员、设计制造人员以及机器人实际操作人员共同协商研究。
（3）编制点检卡。
（4）点检人员培训。
（5）点检。

制定点检卡时，要注意不宜选择难度大或需要花费较长时间的内容作为点检项目。同时，项目的判断标准要简单、确切，便于操作人员掌握。

5.6.2 修理类别

修理是指为保证机器人正常、安全的工作，以相同的新零部件取代旧零部件或对旧零部件进行加工、修配的操作，这些操作不应改变机器人工作性能。通常将修理划分为 3 种，即大修、中修和小修。

1）大修

机器人大修主要是根据机器人上基准零部件已经到磨损极限，电子元器件性能已严重下降，且大多数易损件也用到规定时间，机器人工作性能已全面下降而确定。大修时需将机器人全部拆卸，修理基准件，修复或更换所有磨损或已经到期的零部件，重新调校，恢复工作精度及其他各项技术性能，漆件还需重新油漆。

2）中修

中修与大修不同，不涉及基准零件的修理，主要修复或更换已磨损或已到期的零件，重新调校，恢复工作精度及各项技术性能，只需局部拆卸，并在现场进行。

3）小修

小修的主要内容是更换易损零件，排除故障，调整精度，可能发生局部不太复杂的拆卸工作，在现场工作，以保证机器人及时有效的正常运作。

5.7 项目练习

一、单选题

1. 电烙铁短时间不使用时，应（　　）。
  A. 给烙铁头加少量锡　　　　　　B. 关闭电烙铁电源
  C. 不用对烙铁进行处理　　　　　D. 用松香清洗干净
2. 没有特殊要求的元件插件时，普通元件底面与板面允许的最大间距为（　　）。
  A. 1.5 mm　　　B. 2.5 mm　　　C. 3.5 mm　　　D. 1 mm
3. 用烙铁进行焊接时，速度要快，一般焊接时间应不超过（　　）。
  A. 1 秒　　　B. 3 秒　　　C. 5 秒　　　D. 2 秒
4. 为了延长机器人电池的使用寿命，下列（　　）是正确的？
  A. 不过度充放电　　　　　　　　B. 长期储存时，必须先充满电
  C. 选择合适容量的充电器　　　　D. 以上都正确
5. 在 STR12-280 机器人 2 节电池串联的情况下，使用配套的 12 V 充电器进行充电，会出现（　　）情况？
  A. 电池充电正常　　B. 电池损坏　　C. 充电器损坏　　D. 以上都有可能
6. STR12-280 机器人电源开关的正确顺序为（　　）。

A. 开关电源时，都是先 12 V，再 24 V
B. 开关电源时，都是先 24 V，再 12 V
C. 电源打开时，先开 12 V，再开 24 V，关闭时，先关 24 V，再关 12 V
D. 电源打开时，先开 24 V，再开 12 V，关闭时，先关 12 V，再关 24 V

7. 带传动的主要失效形式是带的（　　）。
A. 疲劳拉断和打滑　　　　　　　　B. 磨损和胶合
C. 胶合和打滑　　　　　　　　　　D. 磨损和疲劳点蚀

8. STR12-280 机器人的传感器信号处理板断开循线传感器的前提下通电，会发现（　　）。
A. 电路板上只有一个 LED 亮　　　B. 电路板上所有 LED 都亮
C. 电路板上所有 LED 都不亮　　　D. 电路板上 4 个 LED 亮

9. STR12-280 机器人的循线传感器光源发射部分使用了（　　）器件。
A. 红外发光管　　B. 白发蓝 LED　　C. 白发红 LED　　D. 红色 LED

10. 向机器人下载程序失败，可能的原因是（　　）。
A. 单片机损坏或接触不良
B. RS232 或接触不良
C. 按钮面板与主控制板之间的连接排线存在断线
D. 以上都有可能

二、判断题

1. （　　）锂电池与铅酸电池相比，在同等容量下，重量轻得多。
2. （　　）使用电解电容时，需要注意电源的正负极。
3. （　　）LM324 的电源电压不能超过 5 V。
4. （　　）当机器人装配完毕，通电前，必须先仔细检查线路板电源端的正负极是否准确。
5. （　　）机器人在装配完成通电前，一定要先检查各电路板的正负极是否准确。
6. （　　）在调节机器人传感器信号处理板的电位器前，一定要先测量电池电压，确定电池容量充足。
7. （　　）STR12-280 使用的接近传感器电源电压是 12 V。
8. （　　）渐开线的形状取决于基圆直径大小。
9. （　　）用展成法加工齿轮时，当齿数过少时，轮齿的顶部将被切除。
10. （　　）在蜗杆传动中，可以用蜗轮来带动蜗杆。

三、多选题

1. 设备维护与使用要求中的"四会"包括（　　）。
A. 会使用　　　B. 会保养　　　C. 会设计　　　D. 会排除故障

2. 5S 管理中包括（　　）。
A. 整理　　　　B. 维修　　　　C. 清扫　　　　D. 清洁

3. 传动齿轮间隙的刚性消除方法包括（　　）和（　　）。
A. 偏心调整　　B. 轴向弹簧调整　　C. 周向弹簧调整　　D. 垫片调整

4. 为提高设备维护水平应使维护工作基本做到三化,即(　　)。
A. 程序化　　　　B. 规范化　　　　C. 工艺化　　　　D. 制度化
5. 设备管理的原则(　　)。
A. 设计、制造与使用相结合　　　　B. 维护与计划检修相结合
C. 维修、技术改造与更新相结合　　D. 技术管理与经济管理相结合

四、思考题

1. 试简述机器人维护原则。
2. 机器人需要维护的组件有哪些?
3. 机器人 STR12-280 供电方式如何?电源部分如何维护与保养?
4. 机器人机械部件如何维护与保养?
5. 机器人 STR12-280 直流电动供电电压是多少?如何维护与保养?
6. 机器人 STR12-280 传感器如何维护与保养?
7. 如何对机器人进行日常检查?
8. 简述机器人定期检查间隔时间与内容。
9. 机器人 STR12-280 机械部分常见故障有哪些,如何处理?
10. 试独立对机器人 STR12-280 进行日常检查,并正确填写点检卡。

附录1 2015年江苏省职业学校技能大赛加工制造类机器人技术应用项目实施方案

附1.1 竞赛项目及内容

（一）竞赛项目

本次竞赛设机器人技术应用一个项目，分为中职学生组、高职学生组和教师组三个组别，其中中职学生组和高职学生组为团体项目（每组3人），教师组为个人竞赛项目。

（二）竞赛内容及要求

机器人技术应用项目以国家职业标准《无线电装接工》《无线电调试工》《维修电工》《装配钳工》高级工（国家职业资格三级）的要求为基础，不同组别难易度有一定区分。

项目竞赛内容均依据国家职业标准所规定的应知、应会等要求，分为理论知识、操作技能两个部分。

理论知识竞赛采取计算机机考方式进行，知识点要求为机器人概况、模拟电子技术、数字电子技术、单片机原理与接口电路、C语言、电机基础、机械加工基础等相关知识及其应用。时间60分钟。

操作技能竞赛以现场实际操作的方式进行，项目竞赛内容及要求如下：

选手在规定时间内，根据竞赛时发给的工作任务书，参赛选手完成下列工作任务（中职学生组、高职学生组和教师组选手完成工作任务的时间均为5小时），整个比赛分为3个阶段：

1. 机器人的装配和编程阶段

（1）参赛选手在规定的时间内在现场开始组装机器人，并进行现场编程。中职学生组组装1台ZKRT-300型机器人（除底盘外的其余机构），高职学生组和教师组不需要组装机器人。

（2）中职学生组和高职学生组自带电脑、下载线、各种资料等，但是不得携带任何通信工具。教师组选手在编程比赛时，统一使用赛场提供的电脑以及预装在电脑中的

STR12-280 标准函数、说明手册等资料，不得携带通信工具、电脑、U 盘、光盘和所有书面资料等入场。

（3）比赛时间高职学生组、中职学生组和教师组均为 3.5 小时。参赛选手可以提前向裁判提请装配编程结束，并进行功能测试或者试运行。

（4）中职学生组参赛队机器人装配调试完成后，需要向裁判申请进行功能测试，高职学生组和教师组不进行功能测试，由裁判记录装配和编程总时间。

2. 机器人试运行阶段

（1）选手由裁判安排到比赛场地上调试机器人运行程序。

（2）时间为 60 分钟。

（3）中职学生组不允许对 ZKRT-300 机器人再进行任何装配工作，若 ZKRT-300 机器人发生故障，经裁判允许，可以进行修理，会适当扣分。

（4）运行程序调试完毕，就可以向裁判申请进行任务运行测试。

3. 机器人运行阶段

机器人在比赛场地上完成任务。

（1）机器人从出发区出发后，在工件存放台抓取指定编号和种类的工件，并根据赛题的要求在指定的装配工位台上完成各工件的组合装配，具体任务要求在赛题中公布。

（2）比赛时间为 30 分钟。

（3）机器人在出发区放置完毕后，操作机器人的选手必须立即退出赛地，站在木质围栏外。

（4）一旦机器人启动，参赛选手不得接触机器人。

（5）当运行时，机器人发生故障时，参赛选手可以向裁判申请"重试"机器人，"重试"的申请被裁判允许后，参赛选手必须把机器人搬回到机器人启动区，并尽快启动。重试的次数不限。

（6）"重试"时，机器人的任何部件均不能更换，机器人的能源也不能补充或增加，机器人已经抓取的工件可以继续放在机器人上。

附 1.2　竞赛命题及裁判

（一）竞赛命题

由组委会负责建立题库，竞赛时从多份竞赛试题中随机抽取 1 份作为正式竞赛试题。

（二）裁判

聘请相关专业的具有高级工程师职称、技师职称、高级考评员证书之一的专家担任裁判，大赛裁判工作按照公平、公正、客观的原则进行。

附 1.3 竞赛场地与设备

（一）竞赛场地

理论知识竞赛采用机考，在电脑机房中进行。

操作技能竞赛在实训室中进行，赛场配置 4 米×6 米的机器人运行场地 6 块，每个参赛队拥有一个大约 9 平方米的安装赛位，内部配有电源 5 孔插座 1 个。

（二）竞赛设备、器材

1. 中职组和高职组

竞赛主要设备和器材

1）主要设备（设备供应商：北京中科远洋科技有限公司）

（1）ZKRT-300 型机器人 1 台（选手自带）。

（2）STR12-280 型机器人 1 台（选手自带）。

中职组使用的 ZKRT-300 型机器人设备除底盘外的其余部分必须以零件方式由各个参赛队带到比赛现场，STR12-280 型机器人以整机方式带到比赛现场；高职组使用的 STR12-280 型和 ZKRT-300 型机器人均以整机方式带到比赛现场。

2）器材（赛场提供）

（1）机器人运行场地，型号：DB2012-Z。

（2）机器人场地道具：8 个圆柱形工件、6 个梅花形工件、大小连接板各 3 个、装配工位台 4 个、工件存放台 2 个。

3）选手自带工具

（1）连接电路的工具：热风枪、电烙铁、尖嘴钳、斜口钳、镊子等。

（2）机器人装配工具：内六角扳手、卡簧钳、活络扳手等。

（3）电路和元件检测工具：万用表。

（4）台式机或者笔记本电脑，下载线。

2. 教师组

竞赛主要设备和器材

1）主要设备（设备供应商：北京中科远洋科技有限公司）

STR12-280 型机器人 1 台。（选手以整机方式带到比赛现场）

2）器材（赛场提供）

（1）机器人运行场地，型号：DB2012-Z。

（2）机器人场地道具：8 个圆柱形工件、6 个梅花形工件、大小连接板各 3 个、装配工位台 4 个、工件存放台 2 个。

（3）电脑 1 台：预装 windows 操作系统和 office、protel99、keil4、STR12-280 机器人标准函数和 stc 下载软件。

（4）下载线。

3）选手自带工具

（1）基本维修工具：电烙铁、尖嘴钳、斜口钳、镊子、内六角扳手、卡簧钳、活络扳手等。

（2）电路和元件检测工具：万用表。

附 1.4　竞赛规则及注意事项

（一）竞赛规则

（1）参赛选手必须持本人身份证、学生证并携（佩）带参赛证提前 30 分钟到达比赛现场检录，迟到超过 15 分钟的选手，不得入场进行比赛。

（2）参赛选手应遵守赛场纪律，尊重裁判，服从指挥，爱护竞赛场地的设备和器材。

（3）在竞赛过程中，要严格按照安全规程进行操作，防止触电和损坏设备的事故发生。

（4）在比赛过程中，如遇设备故障可向裁判员提出，经确认后由裁判长决定是否更换设备或加时。

（二）注意事项

（1）各类赛务人员必须统一佩戴由大赛组委会印制的相应证件，着装整齐。

（2）各赛场除现场裁判员、赛场配备的工作人员以外，其他人员未经赛点领导小组允许不得进入赛场。

（3）新闻媒体人员进入赛场必须经过赛点领导小组允许，并且听从现场工作人员的安排和管理，不能影响竞赛进行。

附 1.5　成绩评定

各竞赛项目成绩由理论成绩（20%）和操作技能成绩（80%）两部分组成。

（1）理论知识用计算机机考方式进行，满分 100 分。

（2）操作技能的成绩根据现场各项工作任务完成的情况判定，满分 100 分。各项分值具体分配如下：

序号	分值分配	中职组	高职组、教师组
1	运行任务分	70	75
2	任务运行时间分	5	10
3	装配编程时间分	5	10
4	职业与安全意识分	5	5
5	功能实现分	5	/
6	装配工艺分	10	/
7	合计	100	100

1）运行任务分

机器人按照任务要求相互配合完成多种工件的抓取和装配。

2）功能实现分

中职组装配完成的 ZKRT-300 机器人具备了下列几种功能，则获得相应得分：

（1）机械手实现回转功能。

（2）机械手实现上升、下降功能。

（3）机械手实现平移功能。

（4）机械手实现夹紧、松开功能。

（5）机器人底盘实现前进、后退、左转、右转功能。

3）装配和编程时间分

中职组、高职组和教师组得分情况如下表所示：

序号	装配编程时间	中职组得分	高职组、教师组得分
1	装配编程时间≤60 分钟	5	10
2	60 分钟＜装配编程时间≤90 分钟	4	8
3	90 分钟＜装配编程时间≤120 分钟	3	6
4	120 分钟＜装配编程时间≤150 分钟	2	4
5	150 分钟＜装配编程时间≤180 分钟	1	2
6	180 分钟＜装配编程时间	0.5	1

4）任务运行时间分

中职组、高职组和教师组得分情况如下表所示：

序号	任务运行时间	中职组得分	高职组、教师组得分
1	任务运行时间≤10 分钟	5	10
2	10 分钟＜任务运行时间≤15 分钟	4	8
3	15 分钟＜任务运行时间≤20 分钟	3	6
4	20 分钟＜任务运行时间≤25 分钟	2	4
5	25 分钟＜任务运行时间	1	2

只有机器人全部完成了赛题中的所有任务，才可以提前结束任务运行阶段比赛，否则，参赛队的任务运行时间一律计为 30 分钟。

5）装配工艺分

中职组机器人装配过程中设备组装与调试的工艺步骤合理，方法正确，测量工具的使用符合规范；电路与气路连接、布线符合工艺要求、安全要求和技术要求，整齐、美观、可靠。

6）职业与安全意识

完成工作任务的所有操作符合安全操作规程；工具摆放、包装物品、导线线头等的处理，符合职业岗位的要求和相关行业标准；遵守赛场纪律，尊重赛场工作人员，爱惜赛场的设备和器材，保持工位的整洁。

7）违规扣分

选手有下列情形，需从比赛成绩中扣分：

（1）在完成工作任务的过程中，因操作不当破坏赛场提供的设备，视情节扣 2～10 分；

（2）出现污染赛场环境，工具遗忘在赛场等不符合职业规范的行为，视情节扣 3～6 分。

（3）在 ZKRT-300 机器人装配结束功能测试完成后，若更换零件，则视情节扣 1～10 分。

（3）参赛选手的最终名次依据理论成绩和技能操作成绩的累加成绩排定，得出各选手的总成绩。当出现成绩相同时，比较操作技能成绩，以成绩高者名次在前。

附 1.6　竞赛项目安全

（1）参赛选手除应遵守本安全规程外，还应遵守同类维修电工、装配钳工的安全规程。

（2）为保证比赛安全，参赛选手须按职业规范统一着装。女选手严禁穿高跟鞋进入比赛场地，并须戴工作帽。

（3）正确使用各种测量仪器和测量工具，防止使用不当造成测量仪器损坏和防止碰摔事故的发生。

（4）在机器人通电前，必须确保电路接线的正确，防止出现电源接反或者短路情况。

（5）电池充电时，必须将电池放置在安全的场所，同时注意充电时间，防止因过冲而引起电池损坏。

（6）机器人在工作中发生异常故障现象时应立即停机

附 1.7　申诉与仲裁

（1）参赛选手对赛地提供的不符合竞赛规定的设备、实验材料，对有失公正的检测、评判，以及对工作人员的违规行为等，代表队领队、指导老师可在比赛结束后 2 小时之内有序地向赛点仲裁组提出书面申诉。

（2）大赛采取两级仲裁机制。赛点设仲裁组，省大赛组委会设仲裁委员会。省大赛组委会选派人员参加赛点仲裁组工作。赛点仲裁组在接到申诉后 2 小时内组织复议，并及时反馈复议结果。申诉方对复议结果仍有异议,可由各市领队向省大赛组委会仲裁委员会提出申诉。省大赛组委会仲裁委员会的仲裁结果为最终结果。

(3) 参赛选手不得因申诉或对处理意见不服而停止竞赛,否则按弃权处理。

附 1.8 竞 赛 观 摩

1. 观摩措施

(1) 机器人比赛赛场安排在实训室内,观摩人员可以在实训室外的通道驻足观看比赛,每天比赛统一安排一次观摩开放时间,观摩人员在工作人员的引导下观看比赛。

(2) 在条件许可的情况下,赛场设置摄像机,没有进场的人员可以在休息室通过电视实时转播观看比赛现场的全过程,同时进行网络实时转播,进一步扩大大赛的对外影响力。

2. 观摩对象

各级领导,参赛队指导老师、领队。

3. 观摩注意事项

为了不影响选手比赛,比赛观摩过程中必须注意以下几点:

(1) 观摩人员必须遵守场内工作人员的统一安排,在没有得到裁判允许的情况下,不得进入场内。

(2) 观摩人员在拍照时不得使用闪光灯。

(3) 观摩人员在观摩期间不得大声说话,以免影响选手比赛

附 1.9 竞 赛 视 频

由承办校负责整个竞赛视频的录制工作,主要录制机器人比赛全过程,特别是重点录制每个参赛队的机器人试运行和正式运行阶段。

在条件许可情况下,比赛视频通过校内有线电视实况转播,没有进场的人员可以在休息室观看比赛现场的全过程。

附 1.10 其 他

(1) 参赛选手及相关工作人员,由赛点赛务工作小组统一安排食宿,费用自理。
(2) 本技术文件的最终解释权归大赛组织委员会。

附录 2　2015 年江苏省职业院校技能大赛中职组机器人赛项样题

附 2.1　试　题

1. 组装 ZKRT-300 机器人除底盘外的其余部分（各个参赛队的机器人底盘可以整体带入场内，其余部分必须以散件形式带入场内）。

2. 装配完成后，向裁判展示功能：

（1）机械手顺时针回转 180 度、停顿 3 秒、逆时针回转 180 度。

（2）机械手从最后端平移至最前端、停顿 3 秒、平移至最后端。

（3）机械手夹紧、停顿 3 秒、放松。

（4）机械手从最低位开始上升至位置 2 停顿 3 秒、上升至最高位停顿 3 秒；从最高位开始下降至位置 2 停顿 3 秒、下降至最低位停顿 3 秒。

（5）机器人底盘恒速后退 5 秒、停 2 秒、同速前进 4 秒、停 2 秒、左转 90 度、停 3 秒、右转 45 度、停 3 秒。

3. 编写机器人运行程序，在下图所示场地上按顺序完成比赛任务，其中附图 2-1 为 2 号工件存放台工件初始摆放位置示意图，附图 2-2 为场地布局和工件编号示意图。

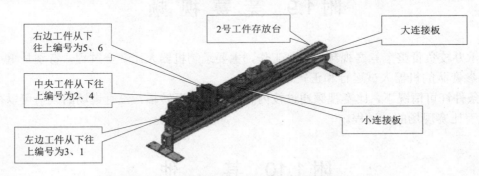

附图 2-1　2 号工件存放台工件初始摆放位置示意图

（1）机器人从起点出发，分别到装载台装载工件。

（2）机器人按附图 2-3 要求在 4 号装配台处摆放工件。

（3）两台机器人行走到 3 号装配台处，在 3 号装配台处摆放工件如附图 2-4 所示。

（4）2 台机器人都回到各自的装载台，一起等待 15 秒。

（5）完成以上各步后，机器人回到 3 号装配台，将 3 号圆柱形工件与 4 号装配台的 8 号圆柱形工件互换（其余各种工作和大小连接板保持原样）。

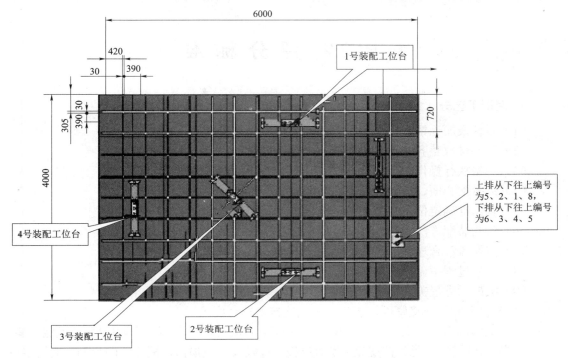

附图2-2 场地布局和工件编号示意图

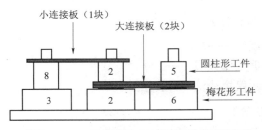

附图2-3 4号装配台工件摆放要求示意图

（6）完成第5步后，机器人回到4号装配台，将该装配台处的工件连同托盘一起托起，送到1号装配台处。

（7）2台机器人回出发区，任务完成。

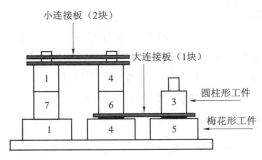

附图2-4 3号装配台工件摆放要求示意图

附2.2 评 分 标 准

1. 装配工艺分（10分）

（1）零件表面无锈迹、油污、毛刺、损伤的现象。
（2）零件堆放整齐规范，场地整洁，布局合理。
（3）严格执行操作安全规程。
（4）过盈配合面、滑动部件表面装配加润滑油。
（5）轴承准确定位，装配工艺正确。
（6）带轮装配方法正确，同步带松紧合适。
（7）装配流程合理。
（8）装配过程中无损伤零件。
（9）装配后外形美观整洁，排线整齐。
（10）机械零件连接紧固，正确，电气连接线符合要求。
（11）运动部件运转灵活，无卡阻、爬行现象；运动过程中，电线不与其他零件发送碰擦。
（12）调试过程中无失控现象，没有碰撞、过载或其他损伤机械零件的行为，电气零件无烧坏现象。

2. 职业与安全意识（5分）

（1）符合安全操作规程——2分。
（2）遵守纪律，尊重工作人员——2分。
（3）爱惜赛场器材，保持清洁——1分。

3. 运行任务分（70分）

（1）完成第2步，而且放置的工件位置、编号准确，则梅花形工件每个得3分；圆柱形工件每个得3分；每个大连接板得2分/个；小连接板得2分，总分：24分。
（2）完成第3步，而且放置的工件位置、编号准确，则梅花形工件每个得2.5分；下排三个圆柱形工件每个得2.5分，上排两个圆柱形工件每个得3分；大连接板得2分；每个小连接板得2分/个，总分：27分。
（3）完成第4步，得3分（每台机器人各1.5分）。
（4）完成第5步，3号、8号圆柱形工件位置准确，各得4分，总分：8分（2个装配台的其余工件和大小连接板保持不变，否则：扣1分/工件）。
（5）完成第6步，得5分（有1个工件掉落，则扣除1分，扣完5分为止）。
（6）完成第7步，得3分（每台机器人各1.5分）。

4. 功能实现分（5分）

（1）机械手实现回转功能，得0.5分。
（2）机械手实现上升、下降功能，各得1分。
（3）机械手实现平移功能，得0.5分。

（4）机械手实现夹紧、松开功能，得 0.5 分。

（5）机器人底盘实现前进、后退、左转、右转功能，得 1.5 分。

5. 装配时间分（5 分）

装配时间得分见附表 2-1。

附表 2-1　装配时间得分表

序号	装配编程时间	得分
1	装配编程时间≤60 分钟	5
2	60 分钟＜装配编程时间≤90 分钟	4
3	90 分钟＜装配编程时间≤120 分钟	3
4	120 分钟＜装配编程时间≤150 分钟	2
5	150 分钟＜装配编程时间≤180 分钟	1
6	180 分钟＜装配编程时间	0.5

6. 任务运行时间分（5 分）

任务运行时间得分见附表 2-2。

附表 2-2　任务运行时间得分表

序号	任务运行时间	得分
1	任务运行时间≤10 分钟	5
2	10 分钟＜任务运行时间≤15 分钟	4
3	15 分钟＜任务运行时间≤20 分钟	3
4	20 分钟＜任务运行时间≤25 分钟	2
5	25 分钟＜任务运行时间	1

附录3 2015年江苏省职业院校技能大赛高职组机器人赛项样题

附3.1 试 题

1. 编写机器人运行程序,在下图所示场地上按顺序完成比赛任务,其中附图3-1为2号工件存放台工件初始摆放位置示意图,附图3-2为场地布局和工件编号示意图。

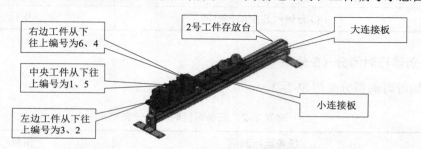

附图3-1 2号工件存放台工件初始摆放位置示意图

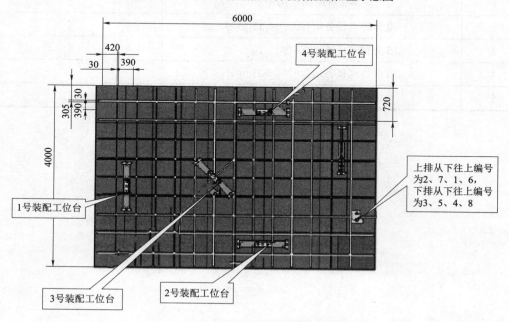

附图3-2 场地布局和工件编号示意图

(1)机器人从起点出发,分别到装载台装载工件。

（2）机器人按附图 3-3 要求在 3 号装配台处摆放工件。

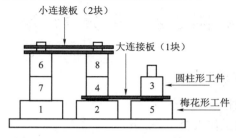

附图 3-3　3 号装配台工件摆放要求示意图

（3）机器人按附图 3-4 要求在 4 号装配台处摆放工件。

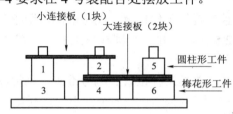

附图 3-4　4 号装配台工件摆放要求示意图

（4）2 台机器人都回到各自的装载台，等待 15 秒。

（5）完成以上各步后，机器人回到 4 号装配台，将该装配台处的工件连同托盘一起托起，送到 1 号装配台处。

（6）完成第 5 步后，机器人回到 3 号装配台，改变圆柱形工件的位置。

① 若前几步运行时间小于等于 15 分钟，则完成后如附图 3-5 所示。

② 若前几步运行时间大于 15 分钟，则完成后如附图 3-6 所示。

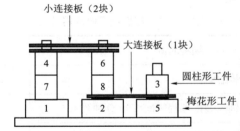

附图 3-5　15 分钟内（含 15 分钟）任务要求示意图

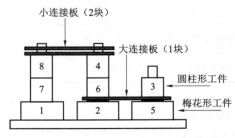

附图 3-6　15 分钟以上任务要求示意图

（7）2 台机器人回出发区，任务完成。

附 3.2 评 分 标 准

1. 职业与安全意识（5分）

（1）符合安全操作规程——2分。
（2）遵守纪律，尊重工作人员——2分。
（3）爱惜赛场器材，保持清洁——1分。

2. 运行任务分（75分）

（1）完成第2步，而且放置的工件位置、编号准确，则梅花形工件每个得2.5分；下排三个圆柱形工件每个得2.5分，上排两个圆柱形工件每个得3分；大连接板得2分；每个小连接板得2分/个，总分：27分。

（2）完成第3步，而且放置的工件位置、编号准确，则梅花形工件每个得2.5分；圆柱形工件每个得2.5分；每个大连接板得2分/个；小连接板得3分，总分：22分。

（3）完成第4步，得5分（每台机器人各2.5分）。

（4）完成第5步，得5分（有1个工件掉落，则扣除1分，扣完5分为止）。

（5）完成第6步，而且放置的工件位置、编号准确，则3、5、7号3个圆柱形工件每个得4分，总分：12分（其余圆柱形工件和大小连接板保持原形，否则扣1分/个）。

（6）完成第7步，得4分（每台机器人各2分）。

3. 程序编写时间分（10分）

程序编写时间得分见附表3-1。

附表3-1 程序编写时间得分表

序号	编程时间	得分
1	装配编程时间≤60分钟	10
2	60分钟＜装配编程时间≤90分钟	8
3	90分钟＜装配编程时间≤120分钟	6
4	120分钟＜装配编程时间≤150分钟	4
5	150分钟＜装配编程时间≤180分钟	2
6	180分钟＜装配编程时间	1

4. 任务运行时间分（10分）

任务运行时间得分见附表3-2。

附表 3-2 任务运行时间得分表

序号	任务运行时间	得分
1	任务运行时间≤10 分钟	10
2	10 分钟＜任务运行时间≤15 分钟	8
3	15 分钟＜任务运行时间≤20 分钟	6
4	20 分钟＜任务运行时间≤25 分钟	4
5	25 分钟＜任务运行时间	2

附录4 2015年江苏省职业院校技能大赛教师组机器人赛项样题

附4.1 试 题

1. 编写机器人运行程序,在下图所示场地上按顺序完成比赛任务,其中附图4-1为2号工件存放台工件初始摆放位置示意图,附图4-2为场地布局和工件编号示意图。

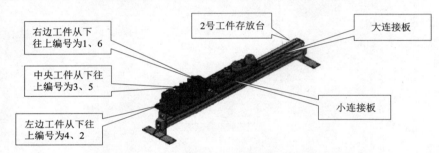

附图4-1 2号工件存放台工件初始摆放位置示意图

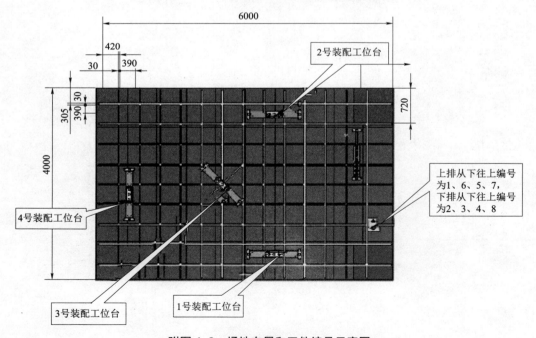

附图4-2 场地布局和工件编号示意图

（1）机器人从起点出发，分别到装载台装载工件。

（2）完成第1步后，机器人按附图 4-2 要求在 1 号装配台处先摆放 3 个梅花形工件；梅花形工件摆放完成后，由裁判放置圆柱形工件；机器人再摆放大小连接板。

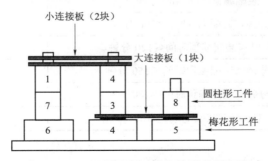

附图 4-3　1 号装配台工件摆放要求示意图

（3）完成第 2 步后，机器人到达 2 号装配台，等待 20 秒。

（4）完成第 3 步后，机器人按附图 4-4 要求在 3 号装配台处先摆放 3 个梅花形工件；梅花形工件摆放完成后，由裁判放置圆柱形工件；机器人再摆放大小连接板。

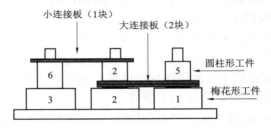

附图 4-4　3 号装配台工件摆放要求示意图

（5）完成第 4 步后，机器人回到 1 号装配台，取走 1 块小连接板放到机器人上。

（6）完成第 5 步后，机器人回到 3 号装配台，将 1 块小连接板放置在 2 号、5 号圆柱形工件处，取走 2 号、5 号圆柱形工件处的 1 块大连接板，放置在机器人上。

（7）完成第 6 步后，机器人将 1 号装配台处的工件连同托盘一起托起，送到 4 号装配台处。

（8）机器人回出发区，任务完成。

附 4.2　评 分 标 准

1. 职业与安全意识（5 分）

（1）符合安全操作规程——2 分。

（2）遵守纪律，尊重工作人员——2 分。

（3）爱惜赛场器材，保持清洁——1 分。

2. 程序编写时间分（10 分）

程序编写时间得分见附表 4-1。

附表 4-1　程序编写时间得分表

序号	编程时间	得分
1	装配编程时间≤60 分钟	10
2	60 分钟＜装配编程时间≤90 分钟	8
3	90 分钟＜装配编程时间≤120 分钟	6
4	120 分钟＜装配编程时间≤150 分钟	4
5	150 分钟＜装配编程时间≤180 分钟	2
6	180 分钟＜装配编程时间	1

3. 运行任务分（75 分）

（1）完成第 2 步，而且放置的工件位置、编号准确，则梅花形工件每个得 6 分；大连接板得 2 分；小连接板得 3 分/个，总分：26 分。

（2）完成第 3 步，得 3 分。

（3）完成第 4 步，而且放置的工件位置、编号准确，则梅花形工件每个得 6 分；大连接板得 2 分/个；小连接板得 3 分，总分：25 分。

（4）完成第 5 步，取走的 1 块小连接板，得 3 分/个；总分：3 分（此装配台其余连接板保持原样，否则扣 1 分/个）。

（5）完成第 6 步，取走的 1 块大连接板，放置 1 块小连接板，得 3 分/个；总分：6 分（此装配台其余连接板保持原样，否则扣 1 分/个）。

（6）完成第 7 步，得 10 分（有 1 个工件掉落，则扣除 2 分，扣完为止）。

（7）完成第 8 步，得 2 分。

4. 任务运行时间分（10 分）

任务运行时间得分见附表 4-2。

附表 4-2　任务运行时间得分表

序号	任务运行时间	得分
1	任务运行时间≤10 分钟	10
2	10 分钟＜任务运行时间≤15 分钟	8
3	15 分钟＜任务运行时间≤20 分钟	6
4	20 分钟＜任务运行时间≤25 分钟	4
5	25 分钟＜任务运行时间	2

参 考 文 献

[1] 过磊，蒋洪平. 机器人技术应用竞赛项目训练教程[M]. 北京：国防工业出版社，2014.
[2] 北京中科远洋科技有限公司.STR12-280 机器人技术说明书[M/CD]，2012.
[3] 韩建海. 工业机器人[M]. 武汉：华中科技大学出版社，2009.
[4] 熊有伦. 机器人技术基础[M]. 武汉：华中科技大学出版社，2011.
[5] 吴振彪，王正家. 工业机器人（第二版）[M]. 武汉：华中科技大学出版社，2006.
[6] 王为青，程国钢. 单片机 Keil Cx51 应用开发技术[M]. 北京：人民邮电出版社，2007.
[7] 张义和. 例说 51 单片机（C 语言版）（第 3 版）[M]. 北京：人民邮电出版社，2010.

参考文献

[1] 王佳,等. 组织人力资源配置优化研究[D]. 哈尔滨:哈尔滨工业大学, 2012.